RICHARD ST. BARBE BAKER
DER MANN DER BÄUME

Richard St. Barbe Baker

Der Mann der Bäume

Laßt uns Überleben pflanzen

Mit einem Vorwort von Bernd Herbon

Aus dem Englischen von Peter Mühlschlegel

1. Auflage 1991

Aus dem Englischen von Peter Mühlschlegel.
Umschlaggestaltung und Umschlagfoto: Kaselow Design, München
Druck: Spiegel-Druck, Ulm
ISBN 3-926116-24-2

Printed in Germany

Inhalt

Vorwort

von Bernd Herbon

Der erste Blick aus dem All auf die Erde weckte in den Raumfahrern die Erkenntnis: Der blaue Planet ist unsere Heimat. Doch bereits im Jahr 1948 hatte Richard St. Barbe Baker eine viel weitreichendere Vision formuliert: In einen »grünleuchtenden Stern« sollte die Erde verwandelt werden. Diesen Blick gewann der britische Forstwissenschaftler nicht von der Luke einer Raketenkapsel, sondern mit Hilfe des altbewährten Vehikels der Phantasie, des fliegenden Teppichs. In seinem Buch »Green Glory« ließ er sich damit um die Erde tragen und analysierte mit wissenschaftlicher Akribie den Zustand der Natur auf allen Kontinenten.

Seine Vorstellungen von einer »grünen Erde« vertrat der Brite in über dreißig Büchern, unzähligen Vorträgen, Konferenzen und Gesprächen mit Staatsoberhäuptern. Grün verstand er als Chiffre für Leben. Büsche und Bäume sollen Bollwerke gegen die Unwirtlichkeit der Wüsten sein. Grün bedeutet aber auch die Hoffnung auf ein Überleben der Menschheit. Wälder sind die grüne Lunge der Erde; sie sorgen für die Luft zum Atmen. Ein Jahrzehnt nach St. Barbe Bakers Tod sind diese Gedanken so aktuell wie nie. Die Diskussion um abgeholzte Regenwälder und ausufernde Sahara-Sandmeere stehen ganz oben auf den immer länger werdenden Tagesordnungen der globalen Umweltkonferenzen.

St. Barbe Bakers Handlungsanweisung für lebenswerte Zustände in der Welt läßt sich in zwei Worte zusammenfassen:

»Pflanzt Bäume!« Doch die Einfalt eines Predigers vom Paradiesgärtlein oder die Demagogie eines grünen Gurus mit dem Kardinalthema von der Öko-Apokalypse ging ihm völlig ab. Der Forstwissenschaftler wußte seine Thesen von der Begrünung der Erde mit den neuesten Erkenntnissen der Botanik und der Rückbesinnung auf die alten Tugenden des harmonischen Auskommens mit der Natur zu untermauern. Im übrigen wirkte er durch sein Beispiel. 1889 im südenglischen Southampton geboren, pflanzte St. Barbe mit vier Jahren die ersten Weiden im elterlichen Garten. Bis zu seinem Tod im Jahr 1982 setzte der »Vater der Bäume«, wie ihn seine Verehrer nannten, Tausende von Schößlingen eigenhändig in die Erde. Die von ihm begründete Organisation »Men of the Trees« ließ auf allen Erdteilen unzählige Wälder wachsen.

Das Leben dieses Mannes, das fast ein Jahrhundert umfaßte, läßt sich nur schwer skizzieren. Laienprediger, Imker, Zureiter, Pferdehändler, Journalist, Holzfäller, Wohnwagenkonstrukteur, Schiffszimmermann und Pilot sind nur einige Stationen auf St. Barbes Weg. Sein Einsatz für die Umwelt ist ebenfalls kaum zu umreißen. Die Welt war sein Betätigungsfeld. Auf Vortragsreisen umrundete er mehrmals die Erde. Für das Sahara-Aufforstungsprojekt fuhr er 40.000 Kilometer durch Nordafrika. In den Zeiten der Weltwirtschaftskrise initiierte er in den Vereinigten Staaten ein landesweites Begrünungsprogramm, an dem sich sechseinhalb Millionen junge Leute beteiligten. In Indien konferierte er mit Präsident Nehru, um mit einem kombinierten Land- und Waldwirtschaftskonzept dem Hunger abzuhelfen. Forstleute in der Sowjetunion benutzten sein Buch »Green Glory« als Lehrmaterial. Mit 73 Jahren ritt St. Barbe quer durch Neuseeland, um Kindern und Jugendlichen in Schulen seine Ideen nahezubringen.

Heute, einige Dekaden später, sind seine Forderungen Allgemeingut einer ökologisch bewußten Generation. St. Barbes Verdienste werden von allen humanitären Organisationen anerkannt. Der Gründer der »Men of the Trees« ist - namentlich oder als unerkannt gebliebener Anreger - zur Vaterfigur der Umweltschutzbewegungen in vielen Ländern der Erde geworden. Der »Club of Rome« rühmt Richard St. Barbe Baker als »Pionier« bei der Erstellung eines globalen Naturschutzkonzeptes. Der »World Wide Fund for Nature« würdigt ihn als Vorkämpfer für die Erhaltung der Wälder. Und ein Sprecher der Commonwealth-Staaten erinnert an die bahnbrechende Arbeit des Briten, um dem Gedanken der Ökologie Priorität auf der weltpolitischen Tagesordnung einzuräumen.

Das Leben sei ein unaufhörliches Experiment, schrieb Richard St. Barbe Baker in seiner Autobiographie »My Life, My Trees«. Seinen Beruf bezeichnete er als »Earth Healer«. Seine Rezepte verabreichte der »Heiler der Erde« in Buchform. Nimmt man seine Schriften zusammen, so ersteht das Bild eines Philantropen mit sowohl pragmatischem wie philosophischem Anstrich. St. Barbe wurzelte im Boden der Mystik. Seinen Kopf hatte er in den Weiten der Wissenschaft. Visionen waren die Quelle, aus der er zeit seines Lebens Kraft für zahlreiche Unternehmungen bezog. Drei dieser wegweisenden Wahrnehmungen lassen sich als Eckpfeiler für St. Barbes Entwicklung betrachten.

In seinen Erinnerungen beschreibt Richard St. Barbe Baker seine erste Begegnung mit dem Mysterium der Bäume. Als kleiner Junge war er eines Tages einfach in den Wald hineingestolpert. Ein Hochgefühl, so sagt er rückschauend, habe ihn damals überkommen. Diese Erfahrung sei auch nicht von einem Weltraumforscher zu übertreffen, der einen neuen Planeten entdeckt hat. In der Sprache und Empfindungskraft der englischen Romantiker schildert St. Barbe seinen ersten Gang durch den dichten Wald:

»Ich schritt voran wie in einem Traum, ohne Gefühl für Raum und Zeit. Auf dieser geheimnisvollen Reise schaute ich von Zeit zu Zeit hinauf und konnte Lichtstrahlen sehen, wo die Sonne den Morgendunst erhellte und sanfte Schatten auf die

riesigen Farne warf, die ein unaufhörliches, leuchtend grünes Dach über mir bildeten. Ihr durchdringender Duft erfreute meine Stimme. Obwohl ich nur wenige Meter vorausblicken konnte, hatte ich nicht das Gefühl, eingeschlossen zu sein. Eine erregende Empfindung. Ich schritt schneller aus, belebt von einem fast himmlischen Wohlgefühl, als ob ich von der Erde losgelöst sei. Ich war berauscht von der Schönheit um mich herum und tauchte ein in die frohlockende Freude ein Teil des Ganzen zu sein... Ich hatte den Tempel des Waldes betreten. Ich sank in einen Zustand der Ekstase zur Erde, alles war äußerst lebendig... Ich war allein und doch umgeben von allen Lebewesen, die ich so sehr liebte... Im Wald, unter den Fichten schien es mir, als hätte ich für einen kurzen Augenblick die Unsterblichkeit gekostet und in wenigen Sekunden eine Ewigkeit gelebt... Meine Liebe galt dem Leben. Ich war wahrlich wiedergeboren, obwohl ich nie hätte erklären können, was mir damals widerfahren war.«

Die religiöse Sprache und das folgende Bekenntnis, daß ihm als Junge eine Buche als Beichtvater diente, mögen einem nüchternen Forstwissenschaftler schlecht anstehen. Doch schon in seiner Familie sind die beiden Betrachtungsweisen der Natur als Experimentierfeld der Forschung und als Schöpfungswerk Gottes verwurzelt. St. Barbe übernimmt Beruf und Berufung seines Vaters und seiner Vorfahren. So zieht er in der elterlichen Baumschule Schößlinge groß und versucht als Laienprediger, in seiner Umgebung die Botschaft Christi zu verbreiten. Später studiert er im kanadischen Saskatchewan und in Cambridge Theologie und Forstkunde.

Auch St. Barbes Vermächtnis, die Organisation »Men of the Trees«, vermischt in ihren Anfängen die Züge einer Umweltschutz-Aktionsgruppe und einer religiösen Bewegung.

Als stellvertretender Forstkonservator geht St. Barbe im Jahr 1920 für das britische Kolonialministerium nach Kenia. Seine Aufgabe ist fast nicht zu lösen: Er soll die Wunden heilen, die der jahrhundertelange Raubbau in den afrikanischen Wäldern hinterlassen hat. Die Unkenntnis des archaischen Prinzips von Säen und Ernten scheint bei Ureinwohnern und Kolonisatoren gleichermaßen ausgeprägt zu sein. Von den Vertretern des Kikuyu-Stammes bekommt der engagierte Forstbeamte zu hören: »Für Bäume ist Gott verantwortlich.« Und seine britischen Landsleute planieren kurzerhand eine Fläche mit 80.000 Jungbäumen, um einen Tennisplatz zu errichten.

St. Barbe muß erkennen, daß seine Vorträge und Mahnungen nichts fruchten. Auf einem nahegelegenen Plateau entdeckt er einen einsamen Baum. Ein übriggebliebener Pfeiler von dem Tempel des Waldes, den der kleine Richard in seiner kindlichen Vision beschworen hatte. Für die Eingeborenen war das ein »Muguga«. Diese »baumlose Stelle« hatte einst ein Wald bedeckt, der von Bauern gerodet worden war. In dem letzten Stamm, so die Vorstellung der Kikuyu, waren die Geister aller gefällten Bäume versammelt.

Dieser heilige Ort inspiriert St. Barbe zu einer ungewöhnlichen Pflanzaktion. Er bringt sein naturschützerisches Engagement in Einklang mit den archaischen Glaubensvorstellungen der Eingeborenen. Nach einer Beratung mit den Häuptlingen ruft der Beamte Seiner Majestät einen »Tanz der Bäume« aus.

Am 22. Juli 1922 versammeln sich dreitausend Kikuyu-Krieger auf dem hochgelegenen Platz in der Nähe Nairobis. Sie umstehen den Baumahn, der seine knorrigen Äste in den Himmel reckt. Bald beginnen die jungen Männer, mit Schilden und kurzen Stöcken bewaffnet, ihren Tanz. Ihre Füße stampfen im Rhythmus der Trommeln auf dem mit dürrem Gras bedeckten Boden. Ihre ekstatischen Bewegungen pressen kleine Staubwolken aus der vertrockneten Erde. Nach der Zeremonie verpflichtet St. Barbe in einer gemeinsamen Ansprache mit Häuptling Njonjo die versammelten Krieger, alles für den Schutz der einheimischen Natur zu tun. In einem Schwur vor Gott geloben sie, eine bestimmte Anzahl von Bäumen im Jahr zu pflanzen und jeden Tag eine gute Tat zu vollbringen.

Als Erkennungszeichen dient den »Watu wa Miti«, den »Männern der Bäume«, wie sie vom Nachbarstamm der Massai genannt werden, ein Amulett, ein besonderer Händedruck und das Losungswort »Twahamwe« (Alle wie einer).

Sechzig Jahre später schicken Richard St. Barbe Baker und Josiah Njonjo das Grußwort »Twahamwe« an dreißig Zweigorganisationen der »Men of the Trees« in Europa, Afrika, Amerika und Australien. Auf dem Weg von dem öden Muguga im Hochland von Kenia zur weltumspannenden Gemeinschaft haben die Mitglieder ihre Aufforstungsprogramme in über hundert Ländern durchgeführt. Längst hat die Umweltschutzgruppe den Hauch des Pfadfindergeistes aus den Anfangstagen abgelegt. In einer Zweitgründung der »Men of the Trees« 1924 in London gewinnt St. Barbe einflußreiche Persönlichkeiten der britischen Gesellschaft für sein Anliegen. Zudem versammelt er jährlich Diplomaten und Würdenträger, um seine ökologischen Forderungen zu verbreiten. Eine mehrfach überarbeitete »Charta der Erde« legt Zeugnis ab für die Erhaltung der Natur als wichtigstes Überlebensmittel des Menschen.

Richard St. Barbe Baker hat seine unermüdliche Aufforstungsarbeit niemals im Sinne von Luthers Hoffnungskeim der Endzeit verstanden, vor dem Weltuntergang noch ein Apfelbäumchen zu pflanzen. Jeder Kahlschlag durch profitorientierte oder perspektivlose Unternehmer und Staatsbeamte war zwar ein Rückschlag für die Sache der Ökologie. St. Barbe wußte auch, daß aus einem gepflanzten Baum wiederum die Streichhölzer oder Axtstiele hergestellt werden konnten, die ganze Wälder zerstören. Doch er gab nicht auf. Sisyphos mußte der Sage nach immer wieder von neuem einen Felsbrocken auf einen kahlen Bergrücken wälzen. St. Barbe pflanzte auf den gerodeten Hügeln Bäume gegen die Erosion. Ohne falsche Sentimentalität für den Wirtschaftsraum Wald, jedoch mit klarem Augenmaß für den mythischen Wohnraum der menschlichen Frühzeit nutzte der Forstmann sein Talent, die Schönheit der Bäume zu schildern und sein politisches

Kalkül, an die ökonomischen Interessen der Staaten zu appellieren.

Doch St. Barbe war keineswegs jemand, der vor lauter schützenswerten Bäumen den Wald der Weltprobleme nicht sah. So rügte er das britische Königshaus, weil in den hochherrschaftlichen Parks Ulmen gefällt wurden. Wenig später suchte er in der Königin eine Verbündete, um gegen die Wasserstoffbomben-Versuche auf den Weihnachts-Inseln vorzugehen. Den Papst forderte St. Barbe auf, sein Buch »The Brotherhood of the Trees« vom kirchlichen Index zu nehmen. Im Vatikan hatte man befürchtet, bei den »Men of the Trees« handele es sich um einen Geheimbund. Gleichzeitig rang er dem Heiligen Stuhl das Versprechen ab, geistigen Beistand für die Bemühung zu spenden, den Wüsten fruchtbares Land abzuringen und den Hunger zu beseitigen. Immer wieder traf er mit Staatsmännern unterschiedlicher Couleur zusammen, um ihnen klarzumachen, welche Verantwortung ihnen beim Kampf um die Natur und für bessere Lebensbedingungen ihrer Bürger zukam. Fast jeder Regent konnte sich während seiner Amtszeit auf einen Besuch des knorrigen Briten mit dem schlohweißen Haar gefaßt machen. Über sechzig Jahre war St. Barbe Baker ein unermüdlicher Lobbyist für eine humanere Welt.

Im Zenit seines Lebens formulierte er seine zweite Vision: Eine politisch brisante Interpretation der biblischen Schau, Schwerter in Pflugscharen zu verwandeln:

»Die bisher der Vernichtung dienenden Heere müssen für die Aufforstung eingesetzt werden. Im eigenen Land entbehrliche Mannschaften stellt man anderen Staaten zur Verfügung. Mit vereinten Kräften muß es dergestalt gelingen, die Schrecken der Wüste zu bannen. Waffenstarrende Heere sind besonders gefährlich, wo die Menschen nicht genug zu essen haben. Angesichts unserer so leistungsfähigen Technik halte ich diese Pläne für durchführbar. Den Besten und Klügsten

muß es gelingen, die Menschheit vom Selbstmord abzuhalten und zu vernünftiger Wirtschaft zu bekehren.«

St. Barbes ehrgeizigstes Projekt im friedlichen Kampf gegen die menschenfeindlichen Wüsten war die Wiederaufforstung der Sahara. Noch unter dem Eindruck des Zweiten Weltkrieges und der nachfolgenden Erstarrung der Welt in zwei Machtblöcke proklamierte er 1952 in Wien den Abriß des »Eisernen Vorhangs«. Anstelle des Symbols antagonistischer Ideologien sollte ein »Hölzerner Vorhang« die verschiedenen politischen Systeme verbinden. Wer konnte damals voraussehen, daß sich das minengespickte Niemandsland zwischen West und Ost in ein Naturreservat verwandeln würde.

Wien war auch der Gründungsort der »Sahara-Universität«. Hier untersuchten Forstfachleute die ökologischen Bedingungen für eine Begrünung des Sandmeeres. Nach und nach beteiligten sich über hundert Nationen an dem Programm, die menschengeschaffene Ödnis in Nordafrika wieder fruchtbar zu machen. St. Barbe wußte, auf welch schmalem Grad die »Grüne Front« verlief, wie er die Aktion nannte. Ein Fingerbreit Boden ließ sich in einem Jahr ausmergeln, schrieb er in einem Aufsatz. Die Natur brauchte jedoch vierhundert Jahre, um eine vergleichbare Humusschicht zu bilden.

Doch in seiner unvergleichlich sinnfälligen Vermittlung schwieriger ökologischer Zusammenhänge brachte St. Barbe das gigantische Ausmaß der selbstgestellten Aufgabe für die britischen Bürger auf den Kern - im wahrsten Sinne des Wortes. Vor der Abreise zu seiner Sahara-Expedition erläuterte der »Vater der Bäume« den Fernsehzuschauern, welche Früchte das Pflanzen eines einzigen Baumes tragen könnte. Ein Freund, so erzählte er, habe vor kurzem 500 Pfirsiche von einem Baum geerntet, den er vor fünf Jahren aus einem Kern gezogen hatte. St. Barbe bat die Londoner Bevölkerung, ihm als Zeichen der Hoffnung Pfirsichkerne auf dem Weg in die Wüste mitzugeben. Am nächsten Tag trafen aus ganz Großbritannien Pakete mit Kernen ein. Am Abfahrtspunkt wurden den Expeditionsteilnehmern Säcke mit Obststeinen in die Hände gedrückt. Fliegende Händler verkauften Pfirsiche in rauhen Mengen. St. Barbe hatte es an diesem Tag geschafft, viele Menschen durch eine symbolische Geste in das Umweltengagement einzubinden, während in den folgenden Wochen ein Wissenschaftler-Streit vom Zaun brach, ob in der Sahara Pfirsichbäume wachsen können oder nicht.

Viel wichtiger erschien St. Barbe jedoch die Frage, ob sich das natürliche Gleichgewicht in Fauna und Flora künstlich wiederherstellen läßt. Am Beispiel der Sahara-Aufforstung zeigt sich die Diskrepanz zwischen dem Wollen der Menschen und dem Wachsen der Natur. Auch die Welle der wohlmeinenden Projekte kann das zarte Pflänzchen der Begrünung niederwalzen und zudem ungeahnte soziale, wirtschaftliche und kulturelle Probleme aufwerfen, wußte St. Barbe zu berichten. Untersuchungen der Sahara-Universität zeigten den verderblichen Einfluß des ehrgeizigen Erdnuß-Programms, das von der britischen Kolonialbehörde nach Traditionen nigerianischer Bauern entwickelt worden war. So wurden am Waldsaum Erdnüsse gepflanzt. Die Bäume beschatteten das Feld in der Gluthitze des Tages. Zur Mittagszeit entrollten sich die Blätter der Erdnußpflanze und hielten den Boden kühl. Abends rollten sie sich wieder ein. In der Nacht sank die Temperatur der Krume. Morgens schlug sich der Dunst der umliegenden Wälder auf der kleinen Lichtung der Ernußpflanzung nieder. Ein fein austariertes Gleichgewicht, nach dem sich der grüne Streifen der Anpflanzung vorsichtig ausdehnen ließ. Landwirtschaftsexperten in Europa legten auf dieser Grundlage Pläne vor. Durch gesteigerte Erdnußernte könnte die Armut afrikanischer Bauern in großem Stil gemildert werden. Bulldozer planierten die Erde, um Land für die Plantagen zu schaffen. Die Maschinen räumten Büsche und Bäume beiseite, preßten den Boden zu Granithärte. Den Pflanzen fehlte der Feuchtigkeitshauch des Morgendunstes. Die Bauern halfen lieber gegen Geld bei der Rodung, als mühselig

Naturalien zu produzieren. Die Dorfältesten und Häuptlinge als Hüter der Harmonie mit der Natur verloren an Einfluß.

Auch St. Barbes Sahara-Projekt blieb von Rückschlägen und Hindernissen nicht verschont. Politische Querelen der Wüsten-Anrainer ließen die Einigkeit im naturschützerischen Engagement zerbrechen. Die Aufrüstung erschien den jungen Nationalstaaten plötzlich wichtiger als die Aufforstung. Nach den unwägbaren Gesetzen der Medienaufmerksamkeit wandte man sich anderen Themen zu. Der anfängliche Enthusiasmus erlahmte angesichts des zentimeterweisen Fortschreitens der »Grünen Front«. Auch heute noch besteht St. Barbes Herausforderung, aus der Sahara eine neuen fruchtbaren Kontinent zu machen.

Der rührige Brite hat während seiner Naturschutz-Mission oft großsprecherische Zusagen auf »ewigen Bestand neugepflanzter Wälder« erhalten. Doch das Versprechen auf »Baumreservate für alle Zeit« muß jede Generation neu einlösen. Auch die Herzensangelegenheit des »Vaters der Bäume«, die Urväter der Bäume, die jahrtausendealten Redwoods in Kalifornien vor dem Zugriff der Holzbarone zu retten, mußte jedes Jahrzehnt neu angegangen werden. Die voll Rührung abgegebenen Versprechen der Politiker auf ewige Bewahrung der imposanten Naturdenkmäler wurden immer wieder übertönt vom Kreischen der Motorsägen.

Diese Mißachtung der Umwelt zum eigenen Schaden ließ St. Barbe nach Konzepten suchen, um den kurzsichtigen Blick des Menschen zu korrigieren. Mit der religiösen Maxime von der Bewahrung aller Schöpfung war er aufgewachsen. Christliche Lebenshaltung hatte Tradition im Hause der St. Barbe Bakers. Richards Großvater, ein Landpfarrer, versuchte seinen Schäfchen den rechten Glauben einzupflanzen. Auf dem Weg zu den Gemeinden setzte er dagegen Eicheln, von denen er immer einige in der Rocktasche trug. Auch sein naturliebender Enkel engagierte sich in der Verbreitung der Lehren Christi. Auf seinen Reisen kam er mit Vertretern verschiedener Glaubensgemeinschaften zusammen. Auf einem Kongreß lernte St. Barbe in den zwanziger Jahren die Bahá'í-Religion[1] kennen. Ihre Ziele der friedlichen Zusammenarbeit aller Völker, Rassen und Religionen sprachen ihn an. Bei Tagungen und Treffen trat St. Barbe als Bahá'í-Sprecher für ökologische Fragen auf. Die Religion faszinierte ihn als transzendentes Werkzeug, um ganz konkrete Probleme auf der Erde zu lösen. Ohne den Zeloten-Zwist unter vielen religiösen Gruppen aus den Augen zu verlieren, erkannte St. Barbe im Glauben die Qualität der Versöhnung und Bewußtseinserweiterung im Dienste des Lebens.

Mit der Verbindung von Duldsamkeit und Entschlossenheit, die den gläubigen Menschen ausmacht, vertrat der Ökologie-Missionar St. Barbe Baker seine Standpunkte. Damit wußte er auch den irischen Zyniker, Autor und Nobelpreisträger George Bernard Shaw zu überzeugen. Der hatte ihm bei einer Tagung anvertraut: »Gefällte Bäume sind mir am liebsten.« St. Barbe hinderte das nicht, ihn wenige Jahre später in einem einfühlsamen Brief um Unterstützung der »Men of the Trees« zu bitten. Shaw antwortete umgehend: »Sie leisten eine sehr verdienstvolle Arbeit. Ihren Zielen gilt meine ganze Sympathie. Akzeptieren Sie mich als lebenslanges Mitglied. Ich bin ein alter Mann und werde ihrer Organisation daher nicht lange zur Last fallen.« Allen, die der Natur gleichgültig gegenüberstehen, schrieb Shaw ins Stammbuch: »Außer in den neun Monaten vor der Geburt schafft es kein Mensch, sein Leben so vollkommen zu regeln wie ein Baum.«

---

1 Stifter der Bahá'í-Religion ist Bahá'u'lláh (1817-1892). Seine Lehren beruhen auf dem Glauben an die Einheit Gottes, die grundlegende Einheit der Religionen und die Einheit der Menschheit. Die Ziele der internationalen Bahá'í-Gemeinschaft sind die Überwindung aller rassischen, kulturellen, religiösen und sozialen Vorurteile, der Aufbau eines gerecht geordneten Netzwerks internationaler Beziehungen auf den Gebieten der Politik, der Wirtschaft und der Kultur, die Erziehung zu selbständigem Denken, die Verwirklichung von echter Gleichwertigkeit zwischen den Geschlechtern und die Entwicklung einer konstruktiven, wechselseitig befruchtenden Beziehung zwischen Religion und Wissenschaft. Weltweit gibt es fünf Millionen Bahá'í. Nach der Zahl der organisatorisch erschlossenen Länder steht die Bahá'í-Religion unter den Weltreligionen nach dem Christentum an zweiter Stelle.

Die altruistischen Maxime der Religionsstifter betrachtete St. Barbe als notwendiges Regulativ für ein friedliches Zusammenleben der Menschen im Einklang mit der Natur. Diesen ewigen Wahrheiten galt St. Barbes dritte Vision. Als achtzehnjähriger Mann schaute er den »Paradiesgarten«, den der kleine Richard als Geborgenheit unter grünem Dach empfunden hatte, und erfühlte eine harmonische Welt, die die Last der Waffen und Heere abgeschüttelt hatte:

»Den Mittelpunkt der Vision, die ich auch nach tausend Jahren noch nicht annähernd beschreiben könnte, bildete eine breite Straße, die von wunderschönen Bäumen gesäumt war. Die Bäume erstrahlten in allen Farben des Regenbogens. Jeder Baum trug alle Früchte, die ich kannte, und dazu noch viele andere, die ich nie zuvor gesehen hatte. Ein riesiger neunzackiger Stern sandte Lichtbündel zu den Symbolen der neun Weltreligionen aus. Der Stern drehte sich und ließ nacheinander jedes Zeichen hervortreten. Der neunzackige Stern stand am Ende des Weges und zog mich an. In der Ferne waren Parks und Gärten mit seltenen Bäumen aus aller Herren Länder und Freunde jeglicher Hautfarbe und Religion. Diese Gärten der Verzückung wurden überschattet vom Baum des Lebens mit Blättern für die Heilung der Völker.«

Am 9. Juli 1982 starb Richard St. Barbe Baker im kanadischen Saskatoon auf dem Rückweg von einer weiteren Vortragsreise und einer Baumpflanzaktion. Seine Freunde erwarben in der englischen Grafschaft Leicestershire 300 Hektar Land und legten zu seinem Gedächtnis einen Wald an.

Waldwiedergeburt

»Ich war in den Tempel des Waldes eingetreten.«

Keine Auswahl aus Richard St. Barbe Bakers Schriften wäre vollständig ohne die Schilderung seiner ersten Walderfahrung im Alter von fünf oder sechs Jahren. Dieses tief bewegende Erlebnis bereitete die Bühne für seinen lebenslangen Kampf um den Wald.

Die Wälder ringsumher waren groß; ich kam damals nie sehr weit, und Perrin nahm mich nur ausnahmsweise mit. Dem kleinen Jungen erschienen die tiefen Wälder geheimnisvoll und erregten Scheu. Eines Morgens hatte ich genug vom Herumtollen in der Sandgrube; so bat ich wagemutig um die Erlaubnis, in den Wald gehen zu dürfen. Perrin sagte, die Wälder seien in dieser Jahreszeit voller Kreuzottern und zu unsicher für kleine Jungen. Aber ich beschwatzte sie so lange, bis sie mich widerwillig gehen ließ. Für mich war es eine Expedition ins Wunderland. Kein Raumfahrer, der die Geheimnisse anderer Himmelskörper erforscht, konnte je höhere Triumphe feiern als ich in diesem Augenblick.

Auf dem Weg ins größte aller Waldabenteuer hielt ich mich zunächst an den Weg das Tal hinunter, aber bald fand ich mich in einem Dickicht, wo die Bäume riesengroß waren und der Pfad sich im Farn unter den Kiefern verlor. Ich war ganz allein in den üppigen, verwickelten Farnen, die mir weit über den Kopf reichten. In meinem Kinderkopf war das der

Eintritt in das Feenland meiner Träume, und wie im Traum wanderte ich weiter; alles Gefühl für Zeit und Raum hatte ich verloren. Es wurde eine geheimnisvolle Reise, ab und zu blickte ich auf zu den Lichtsäulen, in denen die Sonne den Morgennebel aufhellte und sanfte Schatten auf die großen Farnwedel warf, die sich als ein endloses Dach aus lichtem Grün über mich wölbten. Ihr scharfer Geruch war mir köstlich. Obwohl ich nur ein paar Meter weit sah, hatte ich doch nicht das Empfinden, eingeschlossen zu sein. Die Stimmung war heiter. Ich begann, schneller zu gehen, emporgehoben durch ein geradezu ätherisches Gefühl des Wohlbefindens, fast völlig losgelöst von der Erde. Mehr und mehr war ich berauscht von der Schönheit um mich her, versunken in dem freudigen, ja jubelnden Gefühl, selbst ein Teil von alledem zu sein.

Schließlich wurde der Farn niedriger, und bald lag er hinter mir, als sich eine kleine Lichtung auftat, bedeckt mit vertrockneten Kiefernnadeln wie mit einem weichen braunen Teppich. Lichtstrahlen durchbohrten das Dach des Waldes, wurden am Boden im Morgendunst reflektiert, schienen wie herrliche Säulen, mit den hohen Baumstämmen als helle und dunkle Fäden zu einem Muster verwoben. Ich war in den Tempel des Waldes eingetreten. Ich sank zu Boden in einem Zustand der Ekstase; alles war so ungemein lebendig, der ferne Ruf eines Kuckucks schien gleich von nebenan zu kommen. Ganz allein war ich und doch umgeben von all der lebendigen Kreatur, und ich liebte sie innig.

Als ich mich zurücklehnte, knackte ein toter Zweig wie ein Peitschenknall; das Vögelgezwitscher klang wie die Orgel in der Kathedrale. Die überwältigende Schönheit all dessen drang mir tief in die Seele. Das Herz ging mir über mit einem Gefühl unaussprechlicher Dankbarkeit, das mir die ganzen Jahre hindurch geblieben ist seit dieser Waldwiedergeburt.[1]

---

1 My Life, My Trees, S. 10f

Waldgemeinschaft

»Der Wald ist eine Gemeinschaft von Lebewesen, deren größtes der Baum ist.«

St. Barbes Erfahrung stärkte seinen Glauben, daß der Wald nicht nur eine Ansammlung von Bäumen ist, sondern eine komplexe Lebensgemeinschaft mit wechselseitiger Abhängigkeit von Menschen, Pflanzen, Landtieren, Vögeln, Insekten und Pilzen. Im natürlichen Pflanzenwuchs sah er eine Stabilität und Widerstandsfähigkeit, die durch menschliche Eingriffe gestört wird. Bei seiner eigenen forstwirtschaftlichen Arbeit auf der ganzen Welt ging es ihm darum, so wenig wie möglich in die Natur einzugreifen und ihre Prinzipien so weit wie möglich nachzuahmen.

Im Urwald hält das Wachstum Schritt mit dem Verfall. Hier erreicht ein Baum die Reife, dort stirbt einer ab. Wenn ein alter Baum stürzt, entsteht eine Lücke im Blätterdach; Licht fällt herein, und viele junge Bäume wachsen um die Wette, bis die Lücke geschlossen ist. Dies geschieht ganz allmählich im ganzen Wald, und so wird der Wachstumsrhythmus aufrechterhalten.

Es hat Jahrhunderte gedauert, bis sich der Boden des Waldes gebildet hat. Vielleicht steht der Wald von heute auf einem Gelände, das einmal nackter Fels war. Vielleicht haben sich Flechten an der feuchten Felsoberfläche angesiedelt. Der wetterwirksame Kampf der Elemente hat dann diese Felsoberfläche verwittert und eine Schicht kleiner Sandkörner gebildet. Die von den Flechten ausgesonderten Chemikalien haben den

Vorgang beschleunigt, bis Moose, dann Gräser, Kräuter und Sträucher folgen konnten, und eines Tages brachte der Wind einen Baumsamen, der sich einnistete, zu wachsen begann und eine Baumgemeinschaft gründete. So fing der Wald an.

Als sich das Waldgebiet entwickelte, nahm der Niederschlag zu. Das Wachstum beschleunigte sich wie auch der Verfall - Wirkungen und Gegenwirkungen auf künftige Geschlechter von Bäumen. Bei alledem spielten Pilze und Bakterien ihre Rolle, indem sie Streu und Humus bereiteten und verwandelten. Mutterbäume verbreiteten ihren Samen, der, vom Wind fortgetragen, neue Gelände kolonisierte.

Jede Gruppe von Sämlingen kämpfte mit den anderen ums Licht; die Unterlegenen, weniger Glücklichen in diesem Wettkampf nährten das Wachstum ihrer Sieger.

Im Wald gibt es unaufhörlichen Verfall, wie es Wachstum gibt. Stillstand gibt es nicht. Sobald ein Baum aufhört zu wachsen, setzt sein Verfall ein. Schon zuvor kann ihm der Verfall ins Herz gedrungen sein: Dann wird ihm von Käfern und Holzwürmern zugesetzt, Pilze greifen seine Wurzeln an, sein Riesenkörper hat keinen Halt mehr, und ein kleiner Windstoß wirft ihn zu Boden. Er wird zur Wohnstatt für Holzläuse und Millionen anderer Insekten, die ihre Aufgabe erfüllen, den gestürzten Baum in die Erde zurückzuverwandeln, aus der er entsprungen war.[1]

Der Menschenleib ist die Erde im kleinen. Oder stimmt es etwa nicht, daß jeder Körperteil vom anderen abhängt? Wird ein Teil krank oder geht er verloren, so ist das ganze Gleichgewicht gestört. So ist es auch mit der Erde. Millionen Jahre wurde sie aufgebaut und vollzog ihre einzigartigen Lebensabläufe, die jetzt bedroht sind. Der Mensch muß in Partnerschaft mit der Natur fortschreiten und sein angesammeltes Wissen

---

1 Green Glory, S. 21f

nutzen, um dieses Grundgleichgewicht zu hegen und zu pflegen.[2]

Wenn die Natur einen Wald pflanzt, dann mischt sie ihre Arten, Laubbäume aus Hartholz und die Nadelbäume, die Weichholz produzieren. Sie sind unterschiedlich in Form und Blattwuchs; die Mischung ihrer abfallenden Blätter und Nadeln bereitet genau das richtige Humusgefüge für den Pflanzenwuchs. Manche Bäume wie Buchen, Hainbuchen und Eiben sind Schattenspender und unempfindlich gegen den Schatten, den ihre Nachbarn werfen.

Andere wie Birken, Herzkirschen und Lärchen sind lichthungrig und schattenempfindlich; sie werden so von Nachbarbäumen leicht unterdrückt. Manche Bäume vertragen Frost, andere sind frostempfindlich. Die meisten Bäume brauchen einen gut entwässerten Untergrund, aber es gibt welche, die Erlen zum Beispiel, die auf feuchtem Boden gedeihen. Manche wie Weiden und Pappeln lieben es, dem Wasser nahe zu sein, brauchen aber dennoch einen Boden ohne Staunässe. Wer weiß schon, daß Bäume ebenso viele Vorlieben und Abneigungen haben wie Menschen![3]

Bäume können uns so vieles geben, ganz abgesehen vom Ästhetischen und vom Wirtschaftlichen. Ewig spenden sie etwas Elementares, Gesundheitsförderndes, Aufheiterndes. So bezaubernd Blumen sein mögen, geben sie uns doch nicht die Kraft eines Baumes. Ein Baum ist etwas Wirkliches, er hat eine Persönlichkeit. Er ist ein Lebewesen. Geht es zu weit, wenn man glaubt, daß er die Liebe erwidert, die man ihm erweist?... Ein neues, kraftvolles Interesse wird bei unseren Anpflanzungsmaßnahmen dann geweckt, wenn wir zu dem Bewußtsein durchdringen, daß die Gegenstände um uns her nicht leblos, sondern höchst lebendig sind. Dann treten wir

---

2 Trees in the Environment, S. 3f
3 Dance of the Trees, S. 190f

behutsamer auf, wenn wir uns in das Heiligtum des Waldes begeben; wir sehen uns in der Gesellschaft von Baumwesen, die auf unsere Liebe und Fürsorge antworten. Eine neue Welt öffnet sich uns, und als Antwort auf unsere Liebe gewinnen wir unseren Teil an der beseelten Lebenskraft, die einen Mann oder eine Frau überkommt, wenn sie Bäume lieben.[4]

Was im Untergrund geschieht, ist ebenso wichtig wie das, was auf dem Waldboden oder zwischen den Zweigen vor sich geht. Bei senkrechten Bodenschnitten findet man eine Vielzahl von mannigfach geformten Wurzeln: Pfahlwurzeln, Stützwurzeln, Myriaden von feinen Haar- und Faserwurzeln. Ganz allgemein gibt es drei Hauptsysteme von Baumwurzeln: pfahlförmige, herzförmige Wurzeln und flach unter der Erdoberfläche gespreizte.

Die Pfahlwurzeln zapfen die Mineralien tief im Untergrund an, die Herzwurzeln helfen, das Wasser zu heben, und die Aufgabe der Flachwurzeln ist es, den Baum zu stützen und auf feuchtem Grund zu nähren. Die Bäume werden von ihren Wurzeln nicht nur ernährt; sie atmen auch durch sie wie durch die Poren ihrer Rinde. Ist der Boden sehr feucht, so formen die Wurzeln manchmal Knie über dem Wasser, so daß der Baum, etwa die Sumpfzypresse, durch diese Knie atmen kann. Die Sitkafichte ist ein gutes Beispiel für einen flachwurzelnden Baum; die Birke hat herzförmige Wurzeln, die Eiche eine Pfahlwurzel.

Pflanzt man ein Gelände mit Bäumen einer einzigen Gattung an, so kämpfen die Wurzeln miteinander um Nahrung, Feuchtigkeit und Halt; sie berauben und schwächen einander.[5]

Über einen Besuch in Schottland mit Lord Sempill: Tagelang besuchten wir Wälder, in denen die Bäume unter dem Sturm vom 31. Januar desselben Jahres gelitten hatten. Da-

---

4 Trees in the Environment, S. 3f
5 Dance of the Trees, S. 189f

mals blies ein eisiger Wind acht Stunden lang und entwurzelte elf Millionen Bäume. Wir untersuchten die Baumwurzeln, um nach Möglichkeit die Ursache dieses Unglücks festzustellen.

Die meisten vom Sturm gefällten Bäume, stellten wir fest, waren ungefähr vierzig Jahre alt; ihre Wurzeln standen in scharfer Konkurrenz zueinander. Es ist eine Tatsache, daß die Haarwurzeln von Kiefern eine Säurehaut haben; die Natur hat sie damit ausgestattet, um ihnen zu helfen, den Fels zu spalten und die Wurzel eindringen zu lassen. Oft sieht man, wie eine zarte Kiefernwurzel nur durch ihre Ausdehnung einen Felsen sprengt und bis zu dreißig Zentimeter in ihn eindringt.

Man stelle sich Myriaden kleiner Wurzeln vor, die auf demselben Niveau um den Platz zum Wachstum miteinander kämpfen. Geschieht dies, dann bildet sich auf der Ebene der stärksten Wurzelkonkurrenz eine Säurepfanne. Für die Gesundheit der Kiefern ist eine Mischung mit breitblättrigen Bäumen unerläßlich, damit das Laub den Wurzeln der Nadelbäume Nahrung bietet. Die Natur ist wunderbar in ihren Anpassungen; sie sorgt für eine Pilzsymbiose, deren Fäden sich an das eine Ende des verfallenden Hartholzbaum-Blattes heften, während das andere Ende die zarte Nährwurzel der Kiefer berührt. Diesen Vorgang nennt man Mykorrhiza-Verbindung.

Während die Bäume inmitten des Waldes vom Sturm entwurzelt waren, blieben diejenigen am Waldrand stehen, dank der Mykorrhiza-Verbindung durch die Blätter der Sträucher, Hecken und anderer Laubgehölze.[6]

Die Erde mit ihrer Decke von Boden, Pflanzen und Bäumen steht immer in einem Prozeß der Evolution; denn nichts ist statisch in einer Gesellschaft von Lebendigem.[7]

Über gewisse Baumarten im Regenwald Nigerias: Recht selten und aromatisch sind die Guarea, die ein dunkles, schön gemasertes Holz produzieren. Das Guarea-Holz ist so gefragt,

---

6 My Life, My Trees, S. 113
7 Land of Tané, S. 36

daß ein einziger Stamm bei der Holzauktion in Liverpool 2000 Pfund erzielen kann. Sie stehen nicht in Gruppen oder ganzen Wäldern - eine deutliche Lektion für alle, die sich den Monokulturen, welcher Art auch immer, in Wäldern und auf Feldern, verschrieben haben.

Jeder Mahagoni wird umgeben von vielen Bäumen anderer Familien, unter denen die wichtigsten die Schmetterlingsblütler, die Bodenverbesserer, sind. Sie sind nach meiner Beobachtung vorzügliche Nährmutterbäume für die Mahagoni. Die bedeutsameren Arten von Mahagoni verlangen ihr ganzes Leben lang die Dienste einer ganzen Kette von Nährmutterbäumen, um zur Vollkommenheit zu gelangen. Manche machen dem jungen Sproß gerade genug Konkurrenz, um ihn emporzureizen; andere tun ihre Arbeit insgeheim unter der Erdoberfläche, indem sie die Wurzeln in einer Art Symbiose verweben, wie das Pilzgeflecht, das unabhängig als ein spinnwebartiges Gewächs beginnt, den Schaft der Pflanzenwürzelchen umfängt und Nahrung bereitet, die von dem heranwachsenden Baum assimiliert werden kann.[8]

Unser gegenwärtiges Wissen über den Urwald ist so unvollständig, daß es töricht wäre, blindlings Bäume zu fällen, ohne uns zuvor zu vergewissern, daß der Wald ebenso gut oder gar besser, als er ursprünglich war, wiederhergestellt werden kann.[9]

Über ein Gebiet beim Keniaberg: Die niederen Ausläufer des Gebirges sind das Revier des Mutarakwa, der Bleistiftzeder, sowie des Mutamayu, der braunen Olive - nicht die eßbare Art, sondern ein Baum, dessen Holz sich gut für Motorengestelle eignet und heutzutage in Kenia für die populären Schnitzfiguren und Federmessergriffe verwendet wird. Als ich am nächsten Tag auf einem Maulesel durch diesen Wald aus

---

8 My Life, My Trees, S. 43
9 Land of Tané, S. 56

Wacholder und Oliven ritt, war es interessant festzustellen, wie eng sie miteinander verbunden sind. Die Taube frißt die Wacholderbeeren, während sie auf den Olivenzweigen sitzt. Der Wacholdersamen kann nur mit Hilfe der Magensäfte dieses Vogels keimen; die Taube läßt die Samen bei der schützenden Olive fallen.[10]

Kein Bauernhof ist vollständig ohne einen ausgeglichenen, vielseitigen Bauernwald, in dem mannigfaltige gute Einflüsse am Werk sind. Wirtschafts- und Bauernwälder können nur dann gute Ergebnisse bringen, wenn sie Artenmischungen aus Laub- und Nadelbäumen enthalten. Reine Nadelbaum-Pflanzungen machen den Boden sauer und liefern keine Streu mit bodenverbessernden Eigenschaften. Das belegt die Tatsache, daß die Mikrofauna des Nadelwaldbodens ärmer ist als die des Laubwaldbodens; die Zahl der Regenwürmer ist geringer, ihr Gewicht erreicht nur ein Drittel derjenigen, die man im Boden natürlicher Wälder findet. Kiefernwälder sind ungastlich zu Vögeln und Jagdtieren. Weil ihm Futtergras fehlt, nagt das Rotwild die Baumrinden ab; Eichhörnchen und Waldhühner zerstören die Knospen. Wo man einen reinen Nadelwald künstlich schafft, bringt man das natürliche Gleichgewicht durcheinander. Es kann sein, daß die Vögel das Gebiet aufgeben, weil sie keine Nahrung finden, und so Insektenplagen Tür und Tor öffnen. Insektenfressende Vögel sind gute Freunde des Bauern wie des Försters und bekanntermaßen wichtige Kontrollen für die Feld- und Waldinsekten.[11]

König Knut von Dänemark war im Jahr 1018 der erste, der für die Wälder Schranken und Grenzen festsetzte, so daß sie Zuflucht für das Wild werden konnten; denn - laut Knuts eigenen Worten - "nichts entstellt den Wald mehr, als wenn man seine grüne Decke aushaut, und aus diesen und anderen

---

10 Sahara Challenge, S. 114
11 Green Glory, S. 84

Gründen sorge das Gesetz dafür, daß er mit großer Schonung behandelt werde, ist es doch die Natur der wilden Tiere, daß sie die Gehölze und großen Wälder aufsuchen, wo sie im Winter vor der Kälte Schutz finden, im Sommer vor der Hitze, und wenn sie gejagt werden, rennen sie dorthin in Deckung."[12]

Bei einem späteren Besuch seiner ersten Aufforstungsgebiete in Kenia: Am nächsten Morgen fuhren wir wieder hinauf zu meiner alten Forsthütte und zu dem Hügel, auf dem sich vor dreißig Jahren dreitausend Moran (Krieger) der Kikuyu zum ersten Tanz der Bäume versammelt hatten. Ein Rasen bedeckte das Gelände meiner ursprünglichen Baumschulen, zu denen die jungen Männer abends zu kommen pflegten, um die jungen Bäume auszugraben und in Schachteln mitzunehmen. Noch gab es Baumschulen, aber nicht an derselben Stelle - gute Baumschulen, aber für meinen Geschmack zuviel Kiefern und Eukalyptus. Auch waren da zwei weitgehend kahlgeschlagene Grundstücke, die zum Busch verkommen waren und auf denen man stolz mit chemischem Dünger experimentierte, als ob er das neueste Juju (Zaubermittel) wäre. Josiah führte mich durch Haine von Eukalyptus, die nach meiner Zeit gepflanzt worden waren und durch die hindurch wir über das Tal sahen, das einmal üppiger Urwald gewesen war. Der war fast ganz beseitigt. Nur da und dort gab es damals Eukalyptushaine. Ich war neugierig, wie es den einheimischen Bäumen ginge, die ich gepflanzt hatte; ich wollte die Mutarakwa und Mutamayu wiederfinden, die wir zusammen in die Erde gebracht hatten. Weit mußten wir nicht gehen. Eine Straße entlang kamen wir durch einen Wald, wo wir unsere Bäume bald wiedersahen, jetzt über dreißig Meter hoch, mit einem natürlichen Waldboden von sich zersetzendem Humus.

---

12 Land of Tané, S. 106

Mineraldünger war hier unnötig. Es war ein vollkommener, gut gepflegter Wald, der immer wieder verjüngt wurde.[13]

Zu den Pflanzungen in Kenia: Beispiel einer gefährlichen Monokultur war die Anlage reiner Plantagen der Monterey-Zypresse (Cupressus marcocarpa und Cupressus lusitanica) in den hochgelegenen Regengebieten, vor allem dort, wo zu gewissen Jahreszeiten Bodennebel herrscht. Viele dieser Bäume sind vom Baumkrebs befallen, verursacht durch Monochactia unicornis, einen Pilz, der mit dem am Stamm herablaufenden, in den Vertiefungen der Astlöcher festgehaltenen Wasser auftritt. Diese Stellen bieten den Sporen Halt und ausgezeichnete Lebensbedingungen. Das Infektionsrisiko wird durch die gemischte Pflanzung mit einem höheren Prozentsatz an Laubbäumen stark vermindert.

Als ich diese ausgedehnte Anpflanzung von Exoten in einer Forstmonokultur sah, war es mir, als seien alle meine Beweisführungen und Ratschläge von vor dreißig Jahren in den Wind geschlagen worden.

Ich fuhr weiter durch dieses unglückliche Land zum Keniaberg. Erleichtert kam ich in einen der wenigen verbliebenen Urwälder. Darüber spannte sich der farbenprächtigste Regenbogen, den ich je gesehen hatte. Meine Straße schien geradewegs durch den westlichen Pfeiler des Regenbogens hindurchzuführen, aber er blieb immer vor mir und bewegte sich mit mir fort. Schließlich stand er still; ich fuhr in einen leichten Schauer hinein, und da löste sich der Regenbogen auf. Ich war am Ausgang des Urwalds angelangt und wieder in die Eukalyptuswelt eingetreten. Das ist das Land, wo der Regenbogen endet.[14]

Ich glaube fest, daß die Niederschlags- und Wasser-Aufnahmefähigkeit natürlich belassener Urwälder derjenigen jed-

13 Sahara Challenge, S. 120f
14 Sahara Challenge, S. 112f

weder Monokulturen von Exoten oder eingeführten Arten überlegen ist. Zu den Ursachen für die Absenkung des Grundwasserspiegels gehören der fortgesetzte Kahlschlag des ursprünglichen Hochwaldes, die fehlende Wiederaufforstung oder die Bepflanzung nur mit eingeführten Arten.

Es ist allgemein bekannt, daß der Eukalyptus sich gut für die Bepflanzung und Austrocknung von Sümpfen eignet, aber als Bedeckung für ein wasserarmes Land ist er ein gefährlicher Baum.

Das Gleichgewicht der Natur ist so fein austariert, daß es gar zu leicht durcheinandergebracht wird. Der Urwald hat sich generationenlang an den Boden und das Klima angepaßt und ist am besten geeignet, den biologischen Erfordernissen des Landes zu dienen. Wenn der Urwald eines Landes erschlossen werden soll, muß er zuerst sorgfältig mit dem Ziel von Verbesserungen studiert werden, möglichst durch die Einführung von Waldbausystemen, bevor man mit der Ausbeutung beginnt. Besonders um den Äquator herum ist es wichtig, das Schutzdach des Hochwaldes wiederherzustellen und nie mehr allzu rasch aufzureißen, weil sonst das Wachstum verlorengeht.[15]

Es wird sich zeigen, ob es langfristig eine gute Politik ist, die Urwaldbäume durch schnellwachsende Exoten zu ersetzen. Monokulturen laufen immer das schwere Risiko von Seuchen und Schädlingsbefall im gesamten Anbaugebiet. Überdies verändern solche eintönigen Bestände den Charakter des Landes; es erfreut sich nicht länger der heiteren Würde machtvoller Wälder, die einst ihren Zauber über die Landschaft warfen.[16]

Das gedankenlose Abbrennen des ursprünglichen Buschlands an Hängen und Wasserläufen zur Herstellung von Weideflächen hat wohl die meiste Erosion verursacht; denn keine

15 Dance of the Trees, S. 165
16 Green Glory, S. 190

Anpflanzung von Exoten auf Abhängen kann es mit dem dichten Unterholz des natürlichen Busches aufnehmen, wenn es darum geht, das Wasser zu speichern und zugleich Sämlingen als Nährmutterpflanzen zu dienen.[17]

Es gibt eine große Zahl hochwertiger Nutzhölzer von wirtschaftlichem Wert. Die hübschen, ja dramatischen Effekte vieler schön gemaserter Schmuckhölzer müssen erst noch voll erkannt werden... Viele dieser Hölzer muß man in gekonnter Verarbeitung sehen, ehe man an ihre Schönheit glaubt.

Unglückseligerweise beutet man die Urwälder, aus denen diese Bäume kommen, aus und macht sich über das Angebot der Zukunft zu wenig Gedanken. Die Ländereien, die solche wertvollen Bäume enthalten, sollten planmäßig bewirtschaftet werden, damit sie ihr Nutzholz allezeit weiterliefern. Werden die Urwälder gefällt, so besteht die Gefahr, daß minderwertige Arten an ihre Stellen treten; denn die Tendenz herrscht vor, die Rosinen aus dem Kuchen herauszupicken, das heißt, diejenigen Bäume zu entnehmen, die wegen ihrer Schönheit und ihres Nutzens am gefragtesten sind, und den Rest übrigzulassen, was zur Folge hat, daß der Wald minderwertig wird und die natürliche Zusammensetzung, die solche Schätze hervorgebracht hat, nie wieder erreicht.[18]

Nach dem Besuch einer neuen Forschungsstation auf seinem ursprünglichen Arbeitsgelände in Kenia: Ich studierte ihre Berichte über allgemeine Waldforschung einschließlich Forstpathologie, wobei der Zypressen-Baumkrebs ihr wichtigster Untersuchungsgegenstand scheint - eine Krankheit, die bei ordentlicher Forstwirtschaft in Mischwäldern nie eingetreten wäre.

Es war nicht meine Sache, den Wert von Untersuchungen an Gewürznelkenbäumen oder an der Verharzungskrankheit

---

17 Land of Tané, S. 123
18 Green Glory, S. 192f

von Kokospalmen zu beurteilen, ihre Experimente mit Schädlingsbekämpfungsmitteln für die Empire-Baumwollzucht-Gesellschaft zu kritisieren, die Viruskrankheiten am Maniokstrauch, die Streifenkrankheit am Mais, den Verdacht auf Viruserkrankungen an der Süßkartoffel. So vieles von dem, was ich sah, erschien mir obsolet in Anbetracht des erwiesenen Wertes von natürlich-ökologischen Lebensbedingungen. Heutzutage lernen wir nach und nach, daß es die beste Methode der Bekämpfung von Krankheiten ist, diejenigen Lebensbedingungen zu schaffen, in denen sie gar nicht vorkommen. Wird die Gesundheit einer land- oder forstwirtschaftlichen Pflanzung durch unnatürliche Monokultur oder Ungleichgewichte untergraben, dann schlägt die Natur zurück und sorgt für die Ausschaltung all dessen, was sie nicht mag.[19]

Mit der Industriellen Revolution hat sich das Holz aus einem sorgfältig rationierten, lebensnotwendigen Material in eine gewöhnliche Handelsware verwandelt, deren Herstellung nunmehr weitgehend von finanziellen Gesichtspunkten gesteuert wird. Die Wälder wurden dem Profit geopfert. Nadelbäume warfen den höchsten Gewinn ab; folglich verdrängten sie mehr und mehr die Laubbäume. Gewiß stieg der Geldertrag zunächst, aber gleichaltrige Plantagen derselben Gattung sind der Natur zuwider. Binnen kurzem traten schwere Schäden zutage: Bodenverschlechterung und sinkende Wachstumsraten. Das System der Monokultur verminderte die Widerstandskraft der Bäume gegen tierische und pflanzliche Schädlinge und steigerte die Gefahr von Schnee- und Windbruch.[20]

Davon bin ich fest überzeugt: Nur unter ganz außergewöhnlichen Bedingungen sind Kahlschläge ein wirtschaftliches Konzept. Beim idealen System ist das Land ununterbrochen bedeckt von einem Wald, der aus Bäumen verschiedenen Al-

---

19 Sahara Challenge, S. 126
20 Green Glory, S. 104f

ters und verschiedener Gattungen besteht. Zu oft gehen die Gewinne aus Kahlschlägen zu Lasten der Zukunft, bedeuten sie doch das Fällen vieler kleiner Bäume, die mit der Zeit Gewinne gebracht hätten.[21]

Meiner Ansicht nach sollte es überhaupt keine Kahlschläge geben. Das Holzfällen sollte eine Auswahl der besten Stämme, der reifen Bäume bedeuten oder aber eine Gruppenselektion, bei der eine Baumgruppe entfernt wird, damit die umgebenden Bäume das Land regenerieren können. Anpflanzungen sollten das letzte Mittel sein. Gute Waldwirtschaft, wahre Forstkultur, sorgt für natürliche Regeneration und betreibt Anpflanzungen nur in Notfällen oder auf Neuland.[22]

Zu beachten ist, daß schwere Maschinen zum Fällen und Bewegen von Holz aus dem Wald herausgehalten werden müssen. Im Leerlauf läßt schweres Gerät den Untergrund erzittern und bewirkt etwa fünfundzwanzig Zentimeter unter der Oberfläche Verdichtungen im Boden, die von den jungen Bäumen nicht durchstoßen werden können.[23]

Über die Forstwirtschaft in Schweden: Die große Waldregion des Nordens blieb bis vor etwa neunzig Jahren ungestört. Nur in den Niederungen der Flüsse hatte der Mensch diese großartigen Kiefern- und Fichtenbestände angetastet; die Täler entlang gab es kleine Sägewerke. Das goldene Zeitalter der schwedischen Holzindustrie begann, als in England und Frankreich die Zölle auf Holz beseitigt wurden. Zuerst litten die Wälder schwer, weil man die Rosinen aus dem Kuchen pickte: Die besten Stämme wurden gefällt, während man die unterdrückten, toten und sterbenden Bäume zurückließ. In den letzten dreißig oder vierzig Jahren hat jedoch die öffentliche Meinung in Schweden all dies verändert. Man schlägt jetzt

21 Land of Tané, S. 108
22 Man of the Trees, S. 7f
23 Man of the Trees, S. 11

Holz nach waldbaulichen Grundsätzen und beläßt die überreifen Bäume, die noch weiter wachsen können, sowie Sämlinge zur Sicherung der Regeneration. So bewahrt man das Forstkapital, das jedes Jahr seinen Beitrag zum Wohlstand Schwedens leistet.[24]

---

24 Green Glory, S. 114f

Der Wald als Erbe

»Den Reichtum eines Landes, seinen wahren Reichtum, kann man an seinem Baumkleid ermessen.«

Mehr als alles andere wollte St. Barbe den Menschen die schnell fortschreitende Vernichtung des Waldes ins Bewußtsein rufen. Er suchte die Einsicht zu vermitteln, daß die biologische und geistige Bedeutung des Baumes für das Leben auf unserem Planeten viel wichtiger ist als die Erträge aus der Ausbeutung der Bäume als Nutzholz, Zellstoff und Brennmaterial. Stark empfand er die Notwendigkeit, unser Verhalten zu ändern und die Erde nicht länger nur auszubeuten, sondern wieder zu erneuern.

Gesundheit und wirtschaftliche Sicherheit der Gattung Mensch hängen davon ab, wie gut die Wälder der Welt verwaltet werden. Alle Länder der Welt leiden unter der Strafe für des Menschen Unwillen zu säen, wo er geerntet hat. Er hat die Gaben eines großmütigen Schöpfers zerstört, ohne einzusehen, daß sie nur Treugut sind, das an künftige Generationen weitergereicht werden muß. Der Erde grünes Kleid ist das Kapital der Natur, und wenn der Mensch mehr herauspreßt als den Zins oder den jährlichen Zuwachs, dann gefährdet er die Quellen des Wohlstands, ja seine Unterhaltsmittel auf diesem Planeten.[1]

---

1 Green Glory, S. 237

In tödlicher Torheit hat der Mensch große Urwaldgebiete niedergemacht, und jetzt ist das Ende des Waldreichtums der Erde in Sicht. Keine Zeit ist mehr zu verlieren, wenn der Mensch davor bewahrt werden soll, Unheil über den Planeten und sich selbst zu bringen.[2]

Kein einzelner Mensch kann die ganze Arbeit tun, welche die Natur für die Wiedergutmachung früherer Ausbeutung und Vernachlässigung fordert. Hunderttausend Menschen könnten sie nicht entschädigen. Das ist die Aufgabe von jedermann; jeder muß sich dieser Aufgabe stellen, sie anpacken und dabei hoch das Lebensgefühl des Wohlbefindens würdigen, das sie vermittelt.

Bäumepflanzen und Wiederaufforstung gehören zu den wichtigsten Aufgaben in der heutigen Welt. Wir wissen, wie lebensnotwendig Bäume für die wirtschaftliche Wohlfahrt der Nation sind, wie sie Leben, Gesundheit, Klima, Mutterboden, Regen und Wasserläufe beeinflussen. Ohne die Schönheit der Bäume in der Landschaft können wir nicht sein.

Erst jetzt beginnt man, die Bedeutung der Bäume zu verstehen. Natürlich wurden sie schon immer geschätzt wegen ihres Holzes und bis zu einem gewissen Grad wegen ihrer Schönheit, aber der Durchschnittsmensch war blind für die lebenserhaltenden Aufgaben des lebendigen Baumes. Nur ganz vage können wir den wahren Beitrag der Bäume für des Menschen Dasein abschätzen. Ihre Aufgabe ist Legion, ihr Leben ist verwoben mit dem von Mensch und Tier, Erde und Luft, Nahrung und Wasser.[3]

Ich denke, wir müssen dem Schutz des Lebensodems, des Sauerstoffs, höchsten Vorrang geben. Alle müssen wir kämpfen, um den Amazonaswald zu erhalten und einen Plan zu entwickeln, nach dem die, welche den Amazonas gegenwärtig

---

2 Green Glory, S. 238
3 Dance of the Trees, S. 185f

beherrschen, vom Rest der Welt dafür entschädigt werden, daß sie die Wälder intakt lassen.[4]

Man muß inbrünstig wünschen, daß die vergleichsweise großflächige Walddecke Südamerikas erhalten bleibt, denn sie ist ein einzigartiger Besitz in unserer Welt, welche den Waldschatz rücksichtslos ausbeutet. Im Interesse der ganzen Gattung Mensch muß er bewahrt bleiben.[5]

Den Reichtum eines Landes, seinen wahren Reichtum, kann man an seinem Baumkleid ermessen. Trotz seiner schönen Parkanlagen ist Großbritannien nur zu 6,5 Prozent bewaldet, Frankreich dagegen zu 26 Prozent, Deutschland zu 28 Prozent und Schweden zu 57 Prozent. Wir stehen fast am unteren Ende der Liste; nur ein Land ist schlimmer dran, und das ist Irland. Ein Land ohne Bäume ist ein sehr armes Land. Schaut auf die Sahara: Die Wüste breitet sich in einer Front von dreitausend Kilometern aus, in manchen Fällen in einer Tiefe von fünfzig Kilometern in einem einzigen Jahr. Das Land fällt der Armut zum Opfer. Menschen, die seit Generationen von dem lebten, was der Wald hervorbrachte, müssen jetzt den Wald roden, um Platz für den Anbau von Südfrüchten zu schaffen, und sind gezwungen, sich vor der Wüste immer weiter zurückzuziehen.[6]

Viel zu langsam erkennt die Welt, wie notwendig große Wälder in der Nähe von Ballungszentren sind. Die Gesetzgebung scheint machtlos, Schutz zu gewähren oder den Fortbestand der Gattung Mensch zu sichern. Nur eine umfassende geistige Wiedergeburt reicht offenbar aus, das Herz des Menschen zu ändern und ihn zu der Einsicht in die Gesetzmäßig-

4 Man of the Trees, S. 10
5 Green Glory, S. 222
6 Man of the Trees, S. 4f

keit des Ertrags und die vernünftigen Anforderungen des Schöpfers zu befähigen.[7]

Hat uns der Reiz vergänglichen Gewinns so betört, daß wir nicht mehr hören, wie der Geist der Bäume uns mahnt? Sind wir dem Markt so hörig, daß wir unsere Seele und unsere Nachkommenschaft ganz dem verpfänden, was wir für unsere Wohlfahrt halten?[8]

Was nutzt es uns als Nation oder Dominion, wenn wir unseren Staatshaushalt ausgleichen und dabei die Erde unter unseren Füßen zerstören? Wenn wir herausfinden, daß das Reich in jedem von uns selbst ist, und wenn wir darin leben, dann wird uns alles, was wir brauchen, gegeben. Dann und nur dann werden wir so weise werden wie die Bäume.[9]

Wir müssen das Hochland wiederaufforsten, nicht nur hier im sanfthügeligen England, sondern überall in der Welt, wo nackte Berge und Wassermangel Hand in Hand gehen. Wir müssen Bäume finden, die auch über der alten Baumgrenze gedeihen, höher wachsen und im Angesicht der Natur hartnäckiger sind als alle Bäume, die wir kennen.

Die Wüste wartet nicht und diskutiert nicht. Wüsten sind schlimmer als Schrammen im Antlitz der Erde. Sie bedrohen unser Dasein. Sie sind nichts Festes, verharren nicht am Ort. Sie bewegen sich über unser Kulturland mit alarmierender Wachstumsrate.[10]

Viele werden sich an die entsetzliche Affäre um das Fällen der Ulmen am Broad Walk in London-Kensington erinnern. Diese schönen Bäume hatten dort viele Jahre gestanden und wären auch für ein weiteres halbes Jahrhundert oder länger

---

7 Green Glory, S. 222
8 Land of Tané, S. 92
9 Land of Tané, S. 78
10 Dance of the Trees, S. 55

gut gewesen. Aber ohne Ankündigung entschied die Behörde, daß sie beseitigt werden sollten. Alle Proteste der Nation konnten den Behördenäxten keinen Einhalt gebieten. Die großen Ulmen wurden umgelegt.

Keine einzige litt an der Ulmenkrankheit, auch nicht die vier, die ein halbes Jahrhundert früher beinahe gefällt worden wären. Ich ging mit einem Holzkaufmann hin, die gewaltigen am Boden liegenden Stämme anzuschauen. Sie waren in bestem Zustand. Es ist ein Jammer, sagte er, daß sie nicht weitere fünfzig oder hundert Jahre stehen bleiben durften; ihr Wert wäre dann noch viel größer geworden.

Nach der Katastrophe mit den Broad-Walk-Ulmen wurde ein Baumausschuß gebildet. Er konnte diese Bäume nicht mehr retten, erreichte aber eines: Die viertausend Bäume des Hyde-Parks, die ebenfalls gefällt werden sollten, blieben stehen. Der London-Besucher, der jetzt unter den Parkbäumen Ruhe und Schatten findet, kann sich vorstellen, wie es dort aussähe, wenn die Äxte gewütet hätten. Statt Bäumen nur nackte Kiespfade. Wahrscheinlich wäre im weiteren Verlauf auch noch das Gras als zu unordentlich beseitigt und durch nahtlos planierten Asphalt ersetzt worden. Wir müssen immer auf der Hut sein.[11]

Vielleicht haben wir vieles vergessen, was in unserem mechanistischen Zeitalter lebensnotwendig ist. Bevor wir mit der Erde Frieden schließen können, müssen wir unseren Weg ein großes Stück zurückgehen und herausfinden, wo wir in die Irre gegangen sind.... Laßt uns das Leben - alles Leben - ansehen als das Ergebnis zweier grundlegender Faktoren: Geist, die unsichtbare Ursache aller Wirkungen, und Materie, die äußerliche Offenbarung des innewohnenden Geistes. Ist es da nicht klar, daß derselbe unsichtbare Geist in der Gestalt eines Baumes wohnt wie in der Gestalt eines Menschen?[12]

---

11 Dance of the Trees, S. 181ff
12 Land of Tané, S. 95

Die Verwendungszwecke für die Wälder sind zahllos, und die Ansprüche, welche die Menschheit an sie stellt, sind es auch. Für die Wohlfahrt der Menschheit ist es wichtig, daß ihre Ansprüche befriedigt werden, aber schon die für das Heranwachsen eines Waldes erforderliche Zeitspanne zeigt schlüssig, daß dieser Wald nach der Ordnung der Natur niemals für den ausschließlichen Gebrauch einer einzigen Generation bestimmt sein kann.[13]

Wir tragen alle die Schuld, denn wir waren alle habgierig. Wir alle haben hohe Ansprüche gestellt. Wir möchten alle in große Bauwerke und Häuser hineingesteckt werden. Unbekümmert haben wir abgeholzt und Bauland entwickelt, ohne klar festzulegen, welcher Grund und Boden der Landwirtschaft vorbehalten sein soll, welcher den Wäldern und welcher der Bebauung. Wir sind ganz verrückt nach Betondschungeln, und deshalb sollten wir denjenigen Leuten dankbar sein, die auf dem Lande wohnen und Bäume pflanzen.[14]

In den Schulen lehrt man jetzt eine neue Biologie... über die Pyramide des Lebens. Da ist der Boden, der alle Bodenbakterien - nur in den obersten Zentimetern - hervorbringt. Das läßt das Gras wachsen. Ein Schaf kommt daher und frißt fünf Kilogramm Gras, und das ergibt dann ein halbes Kilo Schaf, und dann kommt ein Tiger und frißt fünf Kilo Schaf, die wieder ein halbes Kilo Tiger ergeben. Es gibt zu viele Tiger. Die Lebenspyramide ist durcheinandergeraten, und eine der Aufgaben, die vor uns stehen, ist, von einer Tierwirtschaft überzugehen zu einer Waldwirtschaft. Baumfrüchte müssen wir ernten, statt das ganze Land für die Rinderzucht zu vergeuden. Um mit Rindfleisch die Menschen zu ernähren, braucht man achtzehnmal so viel Land wie für das Anpflanzen des gleichen Nährwertes mit Nüssen und Früchten. Acht-

---

13 Green Glory, S. 201
14 Man of the Trees, S. 10

zehnmal so viel Land! Wenn die halbe Menschheit heutzutage Gefahr läuft zu verhungern, fühle ich mich nicht befugt, solche Ansprüche an die Erde zu stellen.[15]

In manchen Ländern ist bis zu drei Vierteln der Fläche zur Erzeugung von Feldfrüchten degradiert worden, die an Vieh verfüttert werden, das getötet wird, um Menschen zu ernähren. Das ist sicherlich ein Umweg in der Ernährung, wo wir doch Nahrung unmittelbar aus der Erde durch frisches Gemüse sowie durch Früchte und Nüsse tragende Bäume bekommen könnten.[16]

Wir neigen zu der Einbildung, wir könnten die Natur beherrschen. Man denkt, Wissenschaft, Chemie und technisches Wissen seien zu einer so hohen Stufe fortgeschritten, daß sie alle unsere Probleme lösen könnten. So überkommt es uns wie ein Schock, daß die Zivilisationen der Neuen Welt, die sich so rasch entwickelt haben, mit derselben Geschwindigkeit wieder verfallen können. Noch ist die Natur unser Regent; wenn wir sie zu überlisten oder einzudämmen suchen, wenn wir uns über ihre Gesetze hinwegsetzen, dann antwortet sie mit unfruchtbaren Feldern und leeren Kornkammern.[17]

Der zerstörerische Mensch muß seine irrsinnige Laufbahn abbrechen und zu einem bewahrenden Menschen werden. Was von den schönsten Wäldern der Erde noch übrig ist, muß hingebungsvoll bewacht werden, als ein heiliges Erbe und ein Ziel, ein Lehrbeispiel, an dem die Bemühungen künftiger Generationen zu messen sind.

Die Bäume müssen geschützt werden um ihrer selbst und um des Fortbestands des Menschen willen, nicht nur zum Vergnügen einer Freizeitgesellschaft.[18]

---

15 Man of the Trees, S. 12f
16 My Life, My Trees, S. 167
17 Green Glory, S. 148
18 The Redwoods, S. 84

In der Welt von heute sind Bäume so nötig wie nie zuvor. Die gewaltigen materiellen Fortschritte unserer Zivilisation während der letzten Jahrzehnte sind hauptverantwortlich für den Holzmangel. Die Urwälder der Welt reichen für die ständig wachsenden Ansprüche an sie nicht aus.[19]

Von der zerstörerischen Wirtschaft müssen wir uns jetzt ab- und einer schöpferischen Wirtschaft zuwenden -, einer Wirtschaft, die auf einen ethischen Zugang zur Erde gegründet ist. Wenn wir mit der Erde nicht anständig umgehen, können wir auf diesem Planeten physisch nicht überleben.[20]

Dies erinnert an die Lehren Bahá'u'lláhs (des Begründers der Bahá'í-Religion) über die Dankesschuld des Menschen an die Erde, seine Abhängigkeit von ihr und seine Pflicht ihr gegenüber. Das von Bahá'u'lláh verkündete Prinzip der Weltwirtschaft beginnt mit dem Bauern und der Sorge für das Land, da dies die wichtigste Arbeit ist. Ernste Warnungen vor den Gefahren eines kurzsichtigen und selbstsüchtigen Gebrauchs von Land offenbaren sich in Aussagen wie: »Meine Erde ist eurer überdrüssig.«[21]

---

19 Trees in the Environment, S. 1
20 Man of the Trees, S. 13
21 Land of Tané, S. 36

Baum und Leben

»Menschen und Bäume, Wasser und Bäume, Mensch und Wasser sind untrennbar. Das ist die Dreieinigkeit des Lebens.«

Richard St. Barbe Baker gebrauchte Worte wie »grünes Zeltdach« und »Schwamm«, um die Pflanzendecke der Erde zu beschreiben. Er glaubte, daß Bäume und Wasser unentwirrbar verbunden sind. Ohne das eine kann das andere nicht sein. Sein ganzes Leben lang, und davon zeugen alle seine Schriften, erforschte St. Barbe diese Beziehung und bemühte sich zugleich, die Schlüsselrolle des Walddaches für die Landwirtschaft weiterzuvermitteln. In St. Barbes Augen ist die Unterbrechung des Wasser-Baum-Kreislaufes der erste Schritt der Verwüstung.

Früh lernte ich, den Wald als eine Gesellschaft von vielerlei Lebendigem zu betrachten; das größte dieser Lebewesen ist der Baum. Sein Wert beruht auf seiner Beständigkeit, seiner Fähigkeit, sich zu erneuern und Wasser zu speichern, ferner auf seinen vielen biologischen Funktionen einschließlich der, die wertvollste Landbedeckung der Natur zu schaffen und große Vorräte eines besonders anpassungsfähigen Rohstoffes anzulegen: Holz.[1]

1 My Life, My Trees, S. 55

Wahr ist, daß wir viel zu wenig über die lebenswichtigen Aufgaben der Bäume wissen. Sie entnehmen der Erde wenig und geben in der Tat viel mehr zurück, als sie empfangen. Das gilt insbesondere für das Lebenselement Wasser.[2]

Vor allen anderen Lebenwesen sind es die Bäume, welche die Wasser des Firmaments auf sich ziehen, in ihrem Schatten bewahren und das ganze Pflanzenreich mit seiner großartigen Wasserwirtschaft regieren, um dieses Wasser sanft in Quellen, Bäche und Flüsse zu lenken und die Fruchtbarkeit des Bodens in weitem Umkreis aufrechtzuerhalten.[3]

Lassen Sie uns sehen, was mit einem Wassertropfen geschieht, nachdem er, sagen wir, in einem der großen Ozeane geboren wurde. Die Sonne hebt ihn aus dem Meer; er steigt hoch in die Luft und wird vielleicht von den Winden in großer Höhe über das Land getrieben. Das könnte unentwegt so weitergehen, wenn es da unten keinen Wald gäbe und dieser Wald nicht Feuchtigkeit in die Luft verdunsten würde. Diese Feuchtigkeit steigt auf, bis sie auf unseren Wassertropfen und die Millionen und Abermillionen anderen Tropfen trifft. Sie alle werden durch die von den Bäumen verdunstete Feuchtigkeit stärker und schwerer. Ein einziger Baum gibt in vierundzwanzig Stunden mehr als tausend Liter Wasser ab, und ein Wald bildet Wolken von Feuchtigkeit über sich.

Vermutlich haben Sie schon einmal bei klarer Luft an einem Berghang gesessen; Sie schauen über ein bewaldetes Tal, ein Lufthauch vom Meer her streicht über Sie hin. Über dem Wald bilden sich Haufenwölkchen - Sie können das beobachten -, und später kann es regnen. Stiege keine ausgedünstete Feuchtigkeit vom Land auf, dann zöge unser Wassertropfen mit seinen Billionen Gefährten, die alle aus dem Meer geboren sind, unentwegt weiter, bis er wieder das Meer erreicht,

2 Land of Tané, S. 97
3 Land of Tané, S. 96

wo weiterhin Feuchtigkeit aufsteigt. Dann kann es sein, daß er über dem Meer abregnet.

Bäume sind das unersetzliche Glied in der Kette, wenn wir haben wollen, daß der Regen aufs Festland fällt.

Die Baumwurzeln zapfen unterirdische Wasservorräte an und bringen sie in dem Wasserstrom zu den Blättern empor. Nachdem die Blätter ihre Aufgabe der Verdunstung und Holzverwandlung erfüllt haben, fallen sie zu Boden.

Wie bekannt, hält das Laub den Boden kühl. Laub und Baumschatten sorgen für die normale Bodentemperatur.

Wird der Boden entblößt und das Zeltdach der Bäume zu weit aufgerissen, ist der Waldboden den Sonnenstrahlen ungeschützt preisgegeben, die Temperatur steigt und das Wasser verschwindet. Der Wasserkreislauf ist unterbrochen, das Wachstum geht zurück.

Das Wasser bewegt sich nicht nur himmelwärts vom Wald empor durch die verdunstete Feuchtigkeit, sondern auch waagerecht. Zu jeder Lichtung kommt die feuchte Luft des Waldes von allen Seiten, um als Tau niederzugehen. Das ist das Tausammelprinzip; am Morgen kann sich so viel Tau wie sieben Millimeter Regen auf diesem Stück Land niederschlagen, weil es in der Nacht kühler war als der Boden ringsumher.

Es gibt noch eine weitere Art von Niederschlag, zum Beispiel entlang den Küsten an einem heißen Sommertag in Ländern wie Kalifornien, im Bereich des Mammutwaldes. In einem Streifen von fünfzehn Kilometern treiben schwere Nebel von der Pazifikküste ins Land hinein; die großen, hundert Meter hohen Bäume fangen ihn auf und bilden das, was man waagerechten Niederschlag nennt. Der Nebel verdichtet sich auf den Blättern und fällt zu Boden wie sanfter Regen. Von den höheren Ästen tröpfelt es fortwährend; das ist die Art, wie diese Küsten-Mammutbäume ihren Feuchtigkeitsbedarf decken. Je heißer der Sommer, desto mehr Wasser bekommen sie durch die waagerecht niedergeschlagenen Küstennebel. So geht es zu, wenn Bäume in der trockenen Sommerhitze mehr Wasser brauchen: Die Natur sorgt für sie.

Was geschieht mit dem Wald bei Regen? Vor allem wird der Tropfenfall durch die Blattoberflächen der Bäume gemildert; das Wasser landet sanft auf dem Boden, der erstens durch eine Lage Laub oder Nadeln, zweitens durch den aus verrottetem Laub gebildeten Humus, eine Art Kompost, geschützt ist. Sodann wird das Wasser von Millionen Haarwurzeln, den Nährwurzeln, aufgesogen. Das weit verzweigte Netzwerk der Stützwurzeln und die Tunnel, die von verrotteten, im Untergrund abgestorbenen Wurzeln hinterlassen werden, halten das Wasser gleichfalls fest. Es sickert langsam abwärts und bildet Quellen, die später, vielleicht erst nach Monaten in der trockenen Jahreszeit, zu Tage treten.

Fällt der Regen auf einen nackten Berghang, so läuft das Wasser weg und sucht sich den kürzesten Weg zu den Flüssen und zum Meer; dabei nimmt es wahrscheinlich wertvollen Nährboden von dem Berghang mit. Hingegen bewahren die Bäume nicht nur das Wasser, sondern auch den Mutterboden und tragen auf diese Weise dazu bei, Überschwemmungen und Dürrezeiten vorzubeugen.[4]

Ein Wald bietet vielerlei wohltätige Einflüsse.... Tagsüber ist der Boden unter den Bäumen vor den Sonnenstrahlen geschützt und deshalb kühler als ungeschütztes Land. Dieser Schutz führt dazu, daß Waldluft kühler ist als die über offenem Feld, und weil die Luft ständig in Bewegung ist, vermindert sich die Temperatur an heißen Tagen allgemein. Bei Nacht halten die Bäume die Wärmestrahlung ihres Untergrundes zurück.

All das trägt zum Temperaturausgleich bei. Wer bei Tag über einen Wald fliegt, spürt deutlich die Aufwärtsbewegung der heißen Luft, die von den offenen Flächen des Umlands in den Wald strömt. Bei Nacht setzt ein umgekehrter Vorgang

4 Dance of the Trees, S. 63ff

ein, der das Flugzeug über einem ausgedehnten Wald nach unten zieht.

Das Wasserkapital der Erde besteht aus zwei Teilen: dem Anlage- und dem Umlaufkapital. Ersteres umfaßt nicht nur das in der Erde gespeicherte Wasser, sondern auch dasjenige der Atmosphäre. Umlaufkapital ist das Wasser, das von den Wasserflächen, dem Boden und dem Pflanzenwuchs verdunstet wird und, nachdem es sich vorübergehend als Wolken in der Atmosphäre hält, als Regen, Tau oder Schnee zurückkehrt. Aufgabe der Bäume ist, das Wasser zu filtern und zu verteilen; die Walddecke der Landschaft beeinflußt das Muster dieser Verteilung.

Noch können wir die Komplexität des Wasserkreislaufes auf der Erde, in der Erde, in den Bäumen, im Ozean und in der Luft nicht klar verfolgen, aber wir wissen sicher, daß des Menschen törichte Eingriffe in den Wald und andere Vegetationen die Fruchtbarkeit der Erde stark vermindert haben und weiter vermindern. Der natürliche Kreislauf des Wassers bedarf sorgfältiger Studien und höchster Achtung.[5]

Menschen und Bäume, Wasser und Bäume, Mensch und Wasser sind untrennbar. Das ist die Dreieinigkeit des Lebens. Eine chemische Analyse des menschlichen Körpers zeigt, daß er zu neunzig Prozent aus Wasser besteht. Auch ein Baum besteht zu neunzig Prozent aus Wasser; und doch ist Blut so wenig Wasser wie Pflanzensaft. Wenn Sie einen Liter Wasser in die Blutbahn eines Menschen hineinspritzen wollten, würde er sterben; genauso stirbt ein Baum, wenn sie ihm Wasser einspritzen, ja sogar, wenn Sie seine Wurzeln eine Zeitlang ins Wasser stellen. Und doch ist erwiesen, daß ein hoher Baum vierhundert bis zweitausend Liter Wasser am Tag in die Luft abgibt. Woher kommt dieses Wasser?[6]

---

5 Green Glory, S. 24f
6 Land of Tané, S. 96f

Vom Samen bis zur Reife ist der Baum ein Wunder des Wachstums. Aus dem heimeligen Dunkel der Erde, wo die Keimung geschieht, entwickeln sich Sproß und Wurzel in entgegengesetzte Richtung: der Sproß zum Licht, die Wurzel um Halt in die Mutter Erde. Die Wurzel sucht nach Feuchtigkeit und schickt kleine Zweigwurzeln nach Nahrung aus, die ihrerseits das Wachstum nach oben anregt. Der Sproß treibt Zweige aus, und durch die Tätigkeit des Kambiums, des Zellbildungsgewebes, wird der Stamm dicker. Aus ein paar Mineralsalzen, Wasser und Luft baut der Baum seinen Körper auf, wächst in die Höhe und legt Jahr für Jahr neue Jahresringe zu. Die wesentlichen chemischen Prozesse geschehen fortgesetzt unter dem Einfluß des Sonnenlichtes; aufgrund ihrer einzigartigen Fähigkeit, Strahlungsenergie der Sonne auszunutzen, erhalten die Bäume Kohlenstoff für die Herstellung von Kohlenwasserstoffen und Proteinen.

Die grünen Blätter, die Enden des Baumes, lassen sich mit Laboratorien vergleichen, in denen Kohlenwasserstoffe und Proteine gefertigt werden; denn in den Blättern finden alle Wachstumsprozesse statt. Sie bauen das Rahmenwerk und tragen den Brennstoff für die fortgesetzte Atmung und die Arbeiten des ganzen Baumes bei; so hängen Leben und Wachstum von den Blättern ab.

Ein weiteres Wunder ist die Art, wie Bäume sich in der Erde verankern und ihr Gleichgewicht wahren, während sie fortgesetzt unterirdische Wasservorräte anzapfen. Die Baumwurzeln dienen einem doppelten Zweck: Einerseits leisten sie einen mechanischen Dienst, indem sie den Baum verankern, andererseits nehmen sie aktiv Wasser auf, auch wenn dies nur die jüngeren, empfindlicheren Teile des Wurzelsystems tun.

Die Wurzelspitzen sind mit einem bemerkenswerten Apparat für die Aufnahme von Wasser und mineralischer Nahrung aus dem Boden versehen.

Das aus den Tiefen der Erde herausgezogene Wasser steigt und steigt ungehindert durch den osmotischen Druck, bis es die obersten Blätter des Baumes erreicht.[7]

Ein Mensch, der einen Baum pflanzt, tut etwas Wunderbares. Er setzt einen Organismus in Gang, der ihn und seine Kinder überdauert. Jahr für Jahr speichert dieser Baum Energie und Kraft. Er arbeitet mit der Präzision einer Fabrik, ist aber jeder von Menschen gemachten Fabrik weit überlegen. An einem ausgewachsenen Baum sind Abertausende Blätter ständig an der Arbeit, indem sie Wasser verdunsten und in die Atmosphäre ausatmen. Denken Sie nur an die riesige Oberfläche dieser Blätter. Nehmen Sie etwa eine große Ulme in einem unserer Londoner Parks. Wollte man sie entlauben und die Blätter eines neben dem anderen auf dem Boden ausbreiten, dann würden die Blätter eines einzigen Baumes drei Hektar bedecken. Nun denken Sie sich diese Blätter bedeckt mit kleinen Mägen, die alle arbeiten und die größtmögliche Menge Sonnenenergie, Stickstoff aus der Atmosphäre sowie verschiedene andere Elemente und Mineralien aufnehmen, zusammen mit verschiedenen Strahlungen, die sie zusammenführen und mit Hilfe von Milliarden Chlorophyllzellen verarbeiten.

Außer Wasser liefern Bäume reine Luft. Sie sind große Filtermaschinen für den menschlichen Organismus. Sie verbessern und verändern die Luft in derjenigen Weise, die den Lungen des Menschen am zuträglichsten und am angenehmsten ist.[8]

Nach der antiken Mythologie waren Bäume die ersten Lebewesen auf Erden. Das läßt sich wissenschaftlich erhärten: Durch die Bäume wird unsere Atemluft zu dem, was dem Menschen Leben gibt. Ungezählte Zeitalter hindurch haben

7 Green Glory, S. 52ff
8 Dance of the Trees, S. 72f

die Bäume das Kohlensäuregas aus der Atmosphäre entnommen, den Kohlenstoff herausgefiltert, sich einverleibt und assimiliert; wenn sie sterben, hinterlassen sie dem Boden ihre kohlenstoffhaltigen Überreste. Das Ergebnis war, daß schließlich der atmosphärische Sauerstoff rein genug für die Bedürfnisse der Vögel und Säugetiere war, welche die Flugreptilien und die ungeheuerlichen Amphibien ersetzten, die ihrerseits die schwere Luft der urzeitlichen Sümpfe und Schachtelhalmwälder ertragen konnten.[9]

Im Süden Englands haben wir ein gutes Beispiel für die Rolle der Bäume im Wasserkreislauf. Über der Niederung mit der Rennbahn von Goodwood liegt ein schöner Buchenwald. Ein Teil davon wurde kahlgeschlagen. Was geschah? Der Grundwasserspiegel fiel, die Quellen, die zuvor unter der Oberfläche waren, sanken in den Untergrund, und das Wasser fand im Nu einen Weg ins Meer.[10]

Wasser muß eine Grundüberlegung bei allem sein: in der Forstwirtschaft, der Landwirtschaft und der Industrie. Die Waldwirtschaft ist die Mutter der Flüsse. Als erstes müssen wir die Baumdecke der Erde wiederherstellen, um den Mutterboden zu festigen, zu raschen Wasserabfluß zu verhindern, Quellen, Bäche und Flüsse zu verstetigen. Wir müssen die natürliche Bewegung unserer Flüsse wiederherstellen, und wenn wir das tun, bringen wir ihre belebende Funktion wieder in Gang. Ein natürlich strömender Fluß mit seinen Windungen, Breiten und Engstellen bewegt sich wie das Blut in unseren Adern, mit innerer Drehung, Spannung und Entladung. Stellen Sie sich einen Fluß vor, der von einer Quelle in den Bergen bis zu einem baumbestandenen Strom anwächst: Bäume verschiedener Arten mit verschiedenen Wurzeln, Pfahl-, Herz- und Flachwurzeln, die den Boden auf verschie-

---

9 Trees in the Environment, S. 6
10 Dance of the Trees, S. 71f

denen Ebenen festigen und den Wettstreit um Nahrung und Wasser eindämmen. Laub und Humus bilden auf dem Waldboden einen Schwamm, der das Ablaufen des Wassers nach einem Sturm aufhält. Das Wasser sickert durch den porösen Boden und bildet Myriaden von Quellen, die das Land und die Flüsse in den trockenen Monaten des Jahres speisen.

Berge und Hochlagen sollten bis hinauf zur Grenze des ewigen Schnees mit schützendem Wald bestanden sein. Im Hochland sollten die Felder klein gehalten und immer von Bäumen umgeben sein. Wie seltsam ist es doch, daß menschliche Gemeinschaften die Bedeutung des Baumschutzes an Berghängen nicht begreifen wollen.[11]

Über seine Forstpraxis in Nigeria: In den Mahagoniwäldern sorgte ich dafür, daß der Boden nie der Sonne, dem Regen oder dem Wind ausgesetzt war. Das Blätterdach brach den Niederschlag in feinen Sprühregen; der Boden war durchlässig, der Untergrund sog den Regen auf. Sorgsam mied ich Unkrautjäten und unnötige Kultivierung. Große Mengen Wasser aus Niederschlägen und Flüssen werden von dicken Teppichen saugfähigen Humus vorübergehend aufgehalten. So diente mein Wald als ein großes Reservoir, welches das Wasser nur nach und nach in Gestalt von Quellen an den klaren, tiefen, gemächlich dahinfließenden Jamiesonfluß abgab.[12]

So steuert der Baum mit der Hilfe des ganzen Pflanzenlebens das Nahrungsangebot und das Leben des Menschen sowie des Tierreiches.[13]

Die Produktionskapazität des Bodens hängt von der Vegetation in der Land- und Forstwirtschaft ab. Beide widmen sich der Pflanzung, dem Schutz und der Ernte, die Forstwirtschaft

---

11 My Life, My Trees, S. 166f
12 My Life, My Trees, S. 56
13 Green Glory, S. 5

von Bäumen, die Landwirtschaft von Getreide, Früchten, Gemüsen und Nutztieren.

Jeder Bauernhof hat Gelände, das keine Feldfrüchte trägt, aber kein Gelände ist so schlecht, daß es keine Bäume tragen könnte. Der Bauer muß nur den Wert von Bäumen für sich selbst und die Bedeutung des Waldes für das Land und für die ganze Menschheit erkennen, dann wird er sich der Baumernte mit viel mehr Sorgfalt und Weitsicht zuwenden als den Feldfrüchten. Forst- und Landwirtschaft ergänzen sich und lassen sich auf demselben Hof betreiben. Der Wald liefert Brennstoff und Bauholz, Zaunpfähle und Holz für Gerätschaften; solange sie wachsen, bieten die Bäume Schutz für das Vieh und Nistplätze für hilfreiche Vögel, die schädliche Insekten vertilgen.

Vor allem fördern Wälder die Fruchtbarkeit des Bodens. Durch die Aufforstung unfruchtbaren Geländes oder mageren Ackerlandes kann man die Bodenqualität verbessern. Außer steilen Berghängen oder Sandflächen läßt sich alles Land in den Wirkkreis der Landwirtschaft einbeziehen, wenn man den Waldbäumen gestattet, mit Laub und Bewässerung den Boden zu verbessern. Somit sind augenscheinlich Land- und Forstwirtschaft in ihrer Wirksamkeit weitgehend verbunden. Diese Integration ist so eng, daß ein Bauer, der seine ganze Holzernte auf einmal verkauft und seine Hecken beseitigt, die Wirtschaftlichkeit seines Hofes schwer bedroht. Der Kahlschlag aller Bäume eines Grundbesitzes ist oft das Vorspiel zu einer Katastrophe. In vielen Teilen der Welt waren die Ausbreitung von Wüsten und Rückschläge in der Landwirtschaft die Folge der Zerstörung des Waldes.[14]

Bäume schaffen ein günstiges Kleinklima, vermindern die Windgeschwindigkeit, heben den Grundwasserspiegel und steigern die Wurmpopulation.... Wenn die Bauern nur die Würmer einzusetzen wüßten, könnten sie ihre Ernten verdoppeln. Die Bäume bieten die Antwort. Wenn Sie ihr Nahrungs-

14 Green Glory, S. 82f

angebot verdoppeln wollen, sollten Sie zweiundzwanzig Prozent Ihres Landes auf Bäume, auf strategisch gepflanzte Schutzgürtel, verwenden.[15]

Beim Grenzübergang nach Nigeria auf seiner Saharaexpedition: Durch Wüste und halbvertrocknetes Ödland, Savanne und Dornbüsche fuhren wir weiter. Plötzlich kamen wir zu einem Bewässerungsgebiet an der Grenze Nigerias. Was für ein Gegensatz! Innerhalb von zwei Stunden waren wir vom Ödland in eine reiche Landwirtschaftszone mit Erdnüssen als Haupterzeugnis gelangt. Man zog sie nicht auf großen Feldern, sondern zwischen hohen Waldbäumen auf kleinen Lichtungen des tropischen Hochwaldes. Das war hochinteressant, denn die Erdnüsse wuchsen auf kleinen, von Bäumen umgebenen Grundstücken. Nachts schlossen sich ihre Blätter wie die Flügel eines ruhenden Schmetterlings. Wenn die heiße Luft aus den umgebenden Wäldern über das kühlere Landstück mit den Erdnüssen streicht, schlägt sich die Feuchtigkeit nieder; am Morgen gibt es so schweren Tau, daß er etwa sieben Millimeter Regen entspricht. Bei Sonnenaufgang öffnen sich die Erdnußpflanzen waagerecht; so bedecken sie den Boden wiederum mit ihrem Schatten und halten ihn kühl. Schwerer Regen neigt dazu, die Krume von diesem Grundstück auszuwaschen, aber sie kommt nicht weit; denn das Wurzelsystem und der Humus der Bäume ringsum halten sie auf.

Dies ist das Geheimnis erfolgreicher Erdnußpflanzung; den Nigerianern ist es seit vielen Generationen bekannt. Die Ackerstückchen sind vorzugsweise so schmal, daß sie den größten Teil des Tages von den umstehenden Bäumen überschattet werden. Jahrhundertelang hat der nigerianische Bauer eine Waldkultur entwickelt, eine schöpferische einheimische Wirtschaftsform. Instinktiv kennt und schätzt er die Lebensfunktionen der freundlichen Bäume, die ihm reiche Ernten

15 Man of the Trees, S. 5

ermöglichen und sein Land gleichzeitig vor der drohenden Wüste schützen.[16]

Wie Dr. Halliday Sutherland berichtet, ist seit den Tagen der ersten Siedler »da drunten« der Grundwasserstand fortgesetzt gefallen in dem Maße, wie die Bäume vernichtet wurden, um Platz für Schafe und andere Landwirtschaft zu schaffen. Es gab eine Zeit, da lag unter weiten Teilen Australiens ein richtiger unterirdischer Süßwassersee. Die Bäume senkten ihre Wurzeln durch den Untergrund in fast unglaubliche Tiefen ab, um diesen See zu erreichen; anders hätten sie die langen Trockenzeiten nicht überlebt. Selbst wenn diese Bäume jetzt nicht unmittelbar vom Menschen zerstört werden, sterben sie ab, weil der Wasserspiegel so tief abgesunken ist, daß sie ihn nicht mehr erreichen können.[17]

---

16 Sahara Challenge, S. 72f
17 Green Glory, S. 196

Die Haut der Erde

»Ehrfürchtig hielt ich die fruchtbare Erde in Händen, bis ich sie durch meine Finger zu Boden zurückgleiten ließ.«

St. Barbe war klar, daß die Gesundheit des Bodens von der Baumbedeckung abhängt. Entwaldet, Sonne, Wind und Regen ausgesetzt, kann die Haut der Erde sich nicht länger schützen, kann sie ihr verwundbares Gleichgewicht nicht aufrechterhalten. Der reiche Humus, die unerläßliche Stütze des Pflanzenwuchses und somit allen Lebens auf Erden, wird nur allzu leicht ausgetrocknet, weggeweht oder von Regenwasser fortgeschwemmt.

Wir können verstehen, warum Wälder die ideale Bedeckung der Erde sind: Sie halten die richtigen Bodenbedingungen für den Pflanzenwuchs aufrecht, die Waldstreu aus Laub, Zweigen und von den Bäumen abgeworfenen Ästen deckt den Untergrund vollkommen ab. Die Streu mag fünf oder dreißig Zentimeter mächtig sein - die Wirkung ist dieselbe. Ihre erste Aufgabe ist, den Boden vor der Auswaschung zu schützen; aber fast ebenso wichtig ist die zweite: Feuchtigkeit und Regenwasser so zu bewahren, daß sie, statt abzulaufen, langsam in die Erde sickern, um später in Gestalt von Quellen wieder ans Licht zu treten. Diese Anordnung hält den Boden in demjenigen Zustand, der für seine Hauptaufgabe -

das Wachstum von Pflanzen und Nahrungsmitteln - notwendig ist.[1]

Solange der Boden mit Wald bedeckt ist, bleibt seine Humusschicht erhalten. Das forstwirtschaftliche Hauptproblem liegt in der Zusammensetzung und Regeneration dieser Humusschicht. Im Wald halten sich die Vorgänge des Verfalls und des Wachstums immer die Waage. Pflanzenreste und Ausscheidungen der Tierpopulation bilden ein Gemisch auf dem Waldboden. Wenn wir dieses Gemisch von Zeit zu Zeit untersuchen, stellen wir fest, daß es in der Tiefe praktisch konstant bleibt, auch wenn Jahr für Jahr Laub von oben dazukommt. Diese Mischung nährt gleichmäßig die Regenwürmer, die Pilze und die Bakterien; der daraus sich ergebende Humus wird vom Boden aufgesogen und versorgt Bäume und Unterholz mit den Nährstoffen, die sie brauchen. So düngt der Wald sich selbst; mit Hilfe der Regenwürmer und anderer Lebewesen verteilt er diesen Dünger in den oberen Bodenschichten. Die Natur tut das alles still und wirkungsvoll. Mineraldünger, Unkrautvertilger, Pflanzenschutzmittel und Maschinen sind im Haushalt des natürlichen Waldes nicht vonnöten.[2]

Der die Landflächen der Erde bedeckende, das Auge erfreuende Baum- und Pflanzenwuchs erfüllt die lebenswichtigen Aufgaben des Pflanzenreiches in der Natur. Die herrlich reiche, farbenprächtige, buntgesteppte Pflanzendecke ist nicht nur dazu da, uns zu nähren und zu erfreuen; vielmehr ist sie lebensnotwendig für die Erde als Großorganismus. Sie ist die erste Voraussetzung allen Lebens; sie ist die Haut der Erde.

Der Pflanzenwuchs hat dieselben Aufgaben wie die Haut am Leib des Menschen oder des Tieres.[3]

1 Green Glory, S. 25
2 My Life, My Trees, S. 55f
3 Land of Tané, S. 37f

Wenn ein Mensch ein Drittel seiner Haut verliert, stirbt er. Die Hautchirurgen sagen dann: »Den hat's erwischt.« Wenn ein Baum ein Drittel seiner Rinde verliert, stirbt er.... Ist es da unvernünftig anzunehmen, daß auch die Erde mit Sicherheit sterben wird, wenn sie mehr als ein Drittel ihres grünen Mantels, ihres Baumkleides verliert? Der Grundwasserspiegel wird unwiederbringlich absinken, das Leben wird unmöglich werden.[4]

Der Pflanzenwuchs bildet die Grundlage unserer Energie, die wahre Quelle allen Lebens, und letztlich gilt dies selbst für die fleischfressenden Tiere. Der einzige Unterschied ist, daß die Fleischfresser die natürlichen, in Pflanzen gespeicherten Energien aus zweiter Hand bekommen, während die Pflanzenfresser sie aus erster Hand beziehen. Auch der Mensch zieht seine Lebenskraft aus der Pflanzenwelt, die ihrerseits dem Mutterboden entspringt.[5]

Wenn der australische Farmer das Wort »pflanzen« verwendet, meint er gewöhnlich die Aussaat von Gras oder Feldfrüchten. Das geschieht, nachdem der Wald gerodet oder niedergebrannt worden ist. In dieser Asche von Bäumen, die den Boden tausend Jahre lang beschützt und angereichert haben, gedeiht fast alles ohne weiteren Ackerbau, auch wenn die Anbaumethode nichts weiter ist als Raub an der Erde, die ihren Reichtum über Zeitalter gespeichert hat.[6]

Die Vernichtung des Waldes bedeutet in jedem Land Unheil in dieser oder jener Gestalt. Wenn sie in Afrika Erosion und Wüsten verursacht, in der Schweiz Lawinen, dann sind es in Italien reißende Flüsse und Überschwemmungen, die auf die Abholzung zurückzuführen sind.[7]

---

4 My Life, My Trees, S. 165
5 Green Glory, S. 78
6 Green Glory, S. 195f
7 Green Glory, S. 125

Im Laufe von drei Jahrhunderten hat England weite Teile der Erdoberfläche kolonisiert. Wir haben diese Länder »eröffnet« - im wahrsten Sinn des Wortes dem grellen Sonnenlicht eröffnet. In unserem eigenen sanften Klima hätte es nicht viel geschadet, aber in Afrika, Australien oder Neuseeland wurde das Gleichgewicht der Natur zerstört, wurden die ersten Anfänge von Wüsten gelegt. Den Regen aufzufangen und festzuhalten ist ebenso wichtig wie die Bedingungen, die den Regen bewirken. Die Bäume beseitigen und das Land dem grellen Sonnenlicht aussetzen, bedeutet nicht immer weniger Regen, aber es bedeutet gewöhnlich, daß das Regenwasser schnell verdunstet und abläuft. Oft nimmt es dabei die reiche Oberschicht des Bodens mit.[8]

Durch unnatürliche Industrien, durch Krieg und aus Habgier hat die moderne Welt einen derartigen Mechanisierungsgrad erreicht, daß sie Mutterboden von einem Teil der Welt in einen anderen verbringt, damit er dort diejenigen ernährt, die ihrerseits nichts zu seiner Fruchtbarkeit beitragen. In der Frühzeit des Zweiten Weltkrieges waren die Menschen schockiert über Berichte, daß die Deutschen ganze Güterzüge voll guter schwarzer Erde aus den tschechoslowakischen Wäldern nach Deutschland verbringen, um dort ihre ausgemergelten Böden zu verbessern. Aber die Öffentlichkeit ist sich völlig unbewußt, daß genau dieser Prozeß überall in der Welt während der ganzen letzten hundert Jahre vor sich ging. Als zum Beispiel die frühen Siedler in den neuentdeckten Kontinent Australien kamen, trieben sie Schafzucht und Weizenanbau, weil sie damit viel Geld machen konnten. Ihre Herden weideten das jungfräuliche Land; die Siedler holzten die Wälder ab, um ihre Farmen zu vergrößern. Sie führten ihren Weizen und ihre Wolle aus, und mit diesen die Fruchtbarkeit ihres Landes. Die Preise stiegen, die Herden und Farmen nahmen zu, und bald war die dünne Grasdecke überweidet, die dünne

8 Dance of the Trees, S. 52

Humusschicht abgetragen, ausgeführt in Gestalt von Weizen, Wolle und Schaffleisch.

Dem Mutterboden Nahrung entnehmen und keine als Kompost zurückzugeben, ist selbstmörderisch. Mit der Einführung von Mineraldünger und Abwassersystemen hat der abendländische Mensch sein eigenes Dasein untergraben. Er hat die Erde ausgebeutet und ihr Ernten aller Art entrissen, dabei aber die Gesetze des Ertrags und der Moral mißachtet. Wenigen Menschen ist bekannt, daß jede Tonne Weizen vier Fünftel Tonnen Erde bedeutet. Soweit dieses Erzeugnis an das Vieh verfüttert wird, kann es dem Boden als Dünger wieder zugeführt werden; aber die große Masse ernährt die Stadtbewohner, verläßt deren Körper als fester und flüssiger Abfall und geht dank der modernen Abwasserbeseitigung dem Land verloren.[9]

Als ich im Herbst 1910 die kanadische Prärie durchquerte, entdeckte ich zum erstenmal eine Wüste im Werden. Weite Flächen waren umgepflügt, wo jahrhundertelang Zwergweiden den tiefen, reichen, schwarzen Boden gefestigt hatten. Das Land war aufgeteilt in Townships mit Grundstücken zu 640 Morgen. Jeder konnte sich damals eintragen lassen und bekam ein Viertelgrundstück von 160 Morgen unentgeltlich; wenn er mehr brauchte, konnte er es kaufen.

Als erstes pflügten die Leute so viel Land wie möglich um, sodann säten sie Weizen und Hafer als Pferdefutter. Man konnte meilenweit reisen, ohne einen einzigen Baum zu sehen. Wenn ein Farmer ein Landstück übernahm, markierte er die Grenzen, indem er Pfähle in den Boden rammte und Streifen von einem alten weißen Hemd daranband, so daß sie meilenweit zu sehen waren. Dann spannte er sechs Pferde vor den Pflug, setzte sich drauf und zog los, immer die Markierungspfähle zwischen den Köpfen der vordersten Pferde im Visier, hin und her auf dem ebenen Land. So brach er fünf Morgen

---

9 Green Glory, S. 79f

am Tag um. Zwei Ernten Weizen fuhr er ein, dann eine Ernte Hafer. Sein Nachbar tat dasselbe. Ohne schützende Bäume begann der Boden zu schwinden und wegzuwehen; jedes Jahr gingen bis zu zweieinhalb Zentimeter verloren.[10]

Wo die Wälder verschwinden, macht sich bald die Wüste breit. Bäume halten den Regen auf, wenn er fällt, und saugen die Nebel auf, die ihre Feuchtigkeit niederschlagen. Wenn die Bäume weg sind, rauscht das Regenwasser die Rinnen und Täler hinab; es gräbt tiefe Wasserläufe, die den Niederschlag forttragen, ehe er den Boden sättigen kann. Werden die Nebel nicht mehr von den Blättern festgehalten, so treiben sie ab, ohne Feuchtigkeit zu hinterlassen. Das Sturzwasser trägt den Boden und den fruchtbaren Humus in seinen Fluten fort. Die Quellen erhalten keine Nahrung mehr, weil der Regen keine Zeit mehr hat, auf ihr Niveau abzusickern. Rinnsale werden zu reißenden Sturzbächen in der feuchten Jahreszeit und zu dürren Schluchten in der Trockenzeit.[11]

Wenn die Baumdecke entfernt oder durch Überweidung beschädigt wird, setzt die Flächenerosion ein. Zuerst tragen winzige Rinnsale den Boden in kleinen Mengen mit sich fort, aber in dem Maße, wie die Rinnen breiter werden und das Wasser in sich konzentrieren, führen sie größere Mengen weg, bis schließlich ein einziger Sturm den Verlust von vielen tausend Tonnen guten Erdreichs bewirken kann. Das ist für den Farmer eine ständige Bedrohung.[12]

Nach der Beseitigung des Hochwaldes mit seiner dichten Bodenbedeckung verteilt sich der Regen nicht mehr ausgewogen genug. Bricht ein Sturm aus, so graben die Abflüsse Rinnen in das Land. Wasserfurchen gehören zu den Folgen der Erosion, die das meiste Aufsehen erregen; sie verheeren das

---

10 My Life, My Trees, S. 21
11 The Redwoods, S. 80
12 Sahara Challenge, S. 114

Bergland. Aber das sanfthügelige Gelände wird durch den heimtückischeren, breit angelegten Verfallsprozeß der Flächenerosion rasch vernichtet. Wenn die Furchenbildung erst einmal in Gang gekommen ist, dann hat das Land erwiesenermaßen bereits viel vom wichtigsten Element der Bodenfruchtbarkeit und -festigkeit verloren, nämlich seine Wasser-Aufnahmefähigkeit. Das geschieht unabhängig von dem Bodenmaterial, das durch Wind und Regen verlorengeht. In Australien ist allgemein die Wasser-Aufnahmefähigkeit auf ein paar Zentimeter an der Oberfläche beschränkt, wo sich frischer Humus aus verrottendem Laub und Tierabfällen sammelt. Indem sie die aufnahmefähigsten Schichten abträgt, beschleunigt die Flächenerosion nicht nur den Wasserablauf, der seinerseits der wichtigste Erosionsfaktor ist, sondern mindert auch den Wert des Regens und verkürzt den Zeitraum, in welchem er Nutzen stiftet. In einem Land, wo jeder Regentropfen zur Erhaltung des Lebens benötigt wird, ist dieser Faktor der Erosion schlimmer als der meßbare Bodenverlust.[13]

Über die Erosion in China: Für die gute Erde... muß man liebevoll sorgen; sonst nährt sie den Menschen nicht. Ihre Haut ist empfindlich gegen das Verhalten des Menschen, der die Kunst der fortgesetzten Kultivierung einstmals waldbedeckten Landes noch nie völlig gemeistert hat. Wie töricht es ist, die gute Erde nackt und bloß zu lassen, zeigt sich in China besonders anschaulich. Wüsten beherrschen heutzutage die Geburtsstätte der Zivilisation. Die großen Lößgebiete gleichen einem riesigen Schlachtfeld, zernarbt und entblößt. Dieser fruchtbare Boden, der zwei oder drei Ernten im Jahr trägt, wenn er Regen bekommt, löst sich leicht auf, falls er nicht von Bäumen oder Gras bedeckt ist.

Der Name »Löß« stammt von einer Tertiärablagerung, die im Rheintal zutage tritt. Das ist eine bräunliche, äußerst poröse Erde, die leicht zwischen den Fingern zergeht und

---

13 Green Glory, S. 199f

Staubwolken bildet. Vom Winde verwehter Löß gehört zu den reichsten Böden, ist aber überempfindlich gegen die Erosion, die tiefe Schluchten hineingräbt und den Verkehr auf der Oberfläche unmöglich macht. In weiten Gebieten mit einstmals tiefen, fruchtbaren Böden sind nur gähnende Schluchten übriggeblieben, manche Hunderte von Metern breit und tief. Das ausgewaschene Material hat sich über Täler und Ebenen verbreitet und seinen Weg in die Flüsse und ins Meer gefunden. Der Gelbe Fluß und das Gelbe Meer haben ihre Namen von der Farbe des ausgewaschenen Mutterbodens, der dem Hinterland verloren ging.

Man schätzt, daß allein der Gelbe Fluß jährlich 2,5 Milliarden Tonnen Mutterboden mit sich trägt. Es gibt auch andere Gebiete mit rascher Erosion, aber der Gelbe Fluß gilt als das herausragende, ewige Symbol für die Sterblichkeit der Zivilisation.[14]

Über die Erosion in Algerien: Weitere Faktoren des afrikanischen Klimas verschlimmern die Erosion, besonders die starke Hitze des Bodens tagsüber, der niedere Temperaturen bei Nacht folgen. Zusammen mit der langen sommerlichen Dürre führen diese Faktoren dazu, daß Mutterboden und Felsen aufbrechen und unterhöhlt werden, so daß die ersten Regenstürme gegen Ende des Sommers oder Anfang des Herbstes schlimme Auswaschungseffekte bewirken. Steile Berghänge mit langen Abhängen beschleunigen ebenfalls die zerstörerische Erosion. Wenn die rohen Kräfte der Wolkenbrüche nicht mehr von einer beständigen Pflanzendecke eingeschränkt werden, wird der Boden fortgeschwemmt. Bevor diese natürliche Decke beseitigt wird, kann sich die Natur verteidigen und ein gewisses Gleichgewicht aufrechterhalten; aber der Mensch hat eingegriffen und ein Chaos angerichtet.

Der Urmensch stiftete wenig Schaden, aber später ließen die Verwüstungen durch Haustiere und die immer weiter aus-

14 Green Glory, S. 146f

gedehnten Grenzen des Ackerbaus das Land in dem Maße verkommen, wie die Bedürfnisse der Bevölkerung stiegen. Die Abholzung der Wälder ging ohne Unterbrechung weiter und verschlimmerte sich dadurch, daß jede weitere Invasion noch mehr Leute in die Berge trieb. Was Pioniere irrig als Landverbesserung beschrieben, war in Wirklichkeit eine grausame Ausbeutung der Pflanzenschätze, welche die Natur in Jahrtausenden geduldig angesammelt hat.

Seltsamerweise hat der Landwirt schon immer unter dem Einfluß gerader Linien gelitten. Er wird hypnotisiert von rechteckigen Pflanzungen, ohne Rücksicht auf die Geländeform oder das Gefälle. So bereitet er selbst die Wege, auf denen die Sturzwasser zusammenlaufen.[15]

In Äquatorialafrika ist ein Eisenpflug ein gefährliches Werkzeug, weil er den Boden bis in beträchtliche Tiefen lockert, so daß ihn der erste Wolkenbruch wegschwemmt. Das Heil der Eingeborenen sind kleine, von Bäumen umstandene Felder. Solange die Menschen dort nur ihre Nahrung ziehen, sind sie sicher. Erst wenn man sie in die Versuchung bringt, große Flächen für die Erzeugung von Marktprodukten wie Baumwolle kahlzuschlagen, bedrohen sie das Gleichgewicht der Natur und damit ihre eigene Existenz.[16]

Nach der Waldvernichtung gerechnet, ist Baumwolle das aufwendigste Landerzeugnis und stellt höhere Anforderungen an die Erde als jedes andere. Durch sie verschwinden die Kongowälder heute schneller denn je. Eine weitere Ursache der fortschreitenden Austrocknung ist das jährliche Abbrennen der Grassavanne mit dem Zweck, neues Gras für das Vieh wachsen zu lassen. Bei jedem Brand wird die angesammelte Humusschicht vernichtet; die Qualität des Grases läßt nach, so

---

15 Sahara Challenge, S. 35f
16 Sahara Challenge, S. 83

daß nach wenigen Jahren minderwertige Arten die einstigen nahrhaften Gräser verdrängt haben.[17]

Über Erosion und Landgewinnung in Neuseeland: Auf einer früheren Expedition war ich nach Nord-Otago gekommen, wo mir die Farmer gestanden hatten, daß die obersten sieben oder zehn Zentimeter ihres Mutterbodens verloren sind, seitdem sie mit dem Pflügen ihres Landes begonnen hatten, und daß sie jedes Jahr flacher pflügen müssen, weil der Mutterboden schon davongeweht worden ist. Das war in diesem Bezirk der Kummer der meisten Landwirte, die sich für ihre Ernten auf Mineraldünger verlassen hatten. Die Erde wurde weggefressen, ihre Fruchtbarkeit wurde nach Übersee ausgeführt, ihre Millionen von wirtschaftlich wertvollen Bodenbakterien wurden erstickt und vergiftet in einer Überdosis von chemischem Handelsdünger.

Jahr für Jahr hat sich die Lage verschlimmert, mit überaus tragischen Ergebnissen. Düstere Flüsse, die über die Ufer treten, erzählen die traurige Geschichte der Entwaldung und der Erosion. Ich flog über die Südinsel und zuckte zusammen beim Anblick all der Zeichen von Zersetzung: die riesigen Überschwemmungen in den Ebenen, der nach einer raschen Schneeschmelze oder einem starken Wolkenbruch von den entfesselten Fluten weggewaschene Mutterboden. Als wir an der Küste entlangflogen, konnte ich an dem verräterisch verfärbten Meer am Ufer und meilenweit hinaus erkennen, wo sich ein Fluß ergoß.

Wie glücklich war ich da, als ich in Palmerston jemanden traf, der sein praktisches Wissen für die Heilung der Erde mit der Hilfe von Kompost, Würmern und Myriaden von Bodenbakterien einsetzte und damit seine weiten, glücklichen Felder zum Blühen brachte. Trevor Ross erzählte mir, wie er anfing und wie seine prominentesten Nachbarn sich über seine Ideen lustig machten, ihn gar als einen Einfaltspinsel betrachteten.

---

17 Sahara Challenge, S. 93

Aber er hielt durch; bald wirkten seine Begeisterung und sein Beispiel ansteckend, so daß es jetzt eine wachsende Bewegung für den organischen Landbau unter seinen Nachbarn gibt.

Froh begrüßte er mich und zeigte mir seinen blühenden Hof. Auf vielen Feldern hatte er mit organischen Methoden die Tiefe des Mutterbodens um fünfzehn und mehr Zentimeter vermehrt. Bei einem frisch gepflügten Feld hielt er an, grub mit der Ehrfrucht eines Kommunikanten, der die heilige Eucharistie empfängt, eine Handvoll Erde aus und atmete ihren frischen Duft wie den einer Blume oder einer Frucht; dann schaute er tiefsinnig forschend in diesen Mikrokosmos des Lebens hinein, der gestaltlos war, aber Millionen Gestalten des Lebens enthielt.

Mit unbändigem Stolz und voller Liebe übergab er mir die Erde seiner Auferstehung zur kritischen Prüfung, auf einen Blick der Anerkennung wartend. Mein junger Bauernfreund war ein wahrer Landwirt, denn was ich da in Händen hielt, das strotzte vor Leben. Sehen konnte ich nur zwei kleine rote, sich windende Würmer, aber ich spürte, daß viele andere wirbellose Tierchen und unzählige Einzeller da waren. Als ich noch genauer auf die kleine Welt in meinen Händen sah, entdeckte ich ein Geflecht von feinen Fäden, das sich zwischen den Bodenkrümeln und Partikeln verzweigte; aber bei jedem für das Auge sichtbaren silbrigen Fadenstrang wußte ich, daß ich mit meinem starken Mikroskop zuhause Tausende verschiedener Arten von Pilzen und Millionen von Bakterien entdecken würde. Solche Gedanken schossen mir durch den Kopf, als ich ein paar Augenblicke lang ehrfürchtig diese fruchtbare Erde in Händen hielt, bis ich sie durch meine Finger zu Boden zurückgleiten ließ.[18]

---

18 Land of Tané, S. 65ff

Urwälder

»In der Stille dieser mächtigen Wälder wird der Mensch sich des Göttlichen bewußt.«

St. Barbe sah in den Urwäldern - dem Kongodschungel, den turmhohen Kauriwäldern Neuseelands oder den großartigen Mammutwäldern Kaliforniens - ein Verbindungsglied zu unserer Vorgeschichte, aber auch eine Gelegenheit, den Rhythmus der Natur ohne menschliche Verunstaltung zu beobachten. Er war überzeugt, wir sollten bewahren, was wir da haben, und keine weiteren Zugänge zu diesen dahinschwindenden Urwäldern schlagen, bevor wir gelernt haben, was sie uns lehren wollen.

Wie kann ich das Wunder dieser Mammutbäume schildern? Ist es ihr Alter, ihre Schönheit, ihre vollkommene Ausgeglichenheit, was den stärksten Eindruck macht? Beim Eintritt in diesen Hain überkam mich ein Geist ehrerbietiger Scheu... In der Stille dieser mächtigen Wälder wird der Mensch sich des Göttlichen bewußt.[1]

Vor Millionen Jahren, als die Erde noch jung war, türmten sich Bäume von riesiger Größe und gewaltigem Umfang höher als die St. Pauls-Kathedrale und kämpften miteinander unblutig um Licht und Raum. Es war eine Welt der Bäume, hoher Bäume und seltsamer Geschöpfe - Kriechtiere und Amphibien,

1 Dance of the Trees, S. 121

Dinosaurier und vorgeschichtliche Säuger. Die Atmosphäre stank noch, aber die riesigen Moose - die ersten pflanzlichen Lebewesen, als die Erde abkühlte - verschwanden jetzt, und die Bäume reinigten nach und nach die Luft; sie sogen die gasigen Dämpfe auf und begannen mit ihrer gewaltigen Aufgabe, den für das höhere Leben notwendigen Sauerstoff zu schaffen.

Millionen Jahre lang herrschten diese Riesenbäume absolut und paßten sich den Berghängen an oder den Ebenen, zu denen sie gewandert waren. Damals war die Nordhalbkugel eine zusammenhängende Landmasse; Asien war mit Alaska durch eine Landbrücke verbunden. Über dieses ganze geheimnisvolle Reich regierten die großen Bäume. Andere primitive Formen wie der Ginkgo, der Frauenhaarbaum, beherrschten die Berghänge in den Gebieten, die heute China und Japan sind. Es gab auch Bäume von geringerem Wuchs: die Dammarfichte, die Araukarie, die Schuppentanne, und in Neuseeland, dem Land der strahlenden Küste, standen die riesigen Kauribäume. Der australische Erdteil trug, unabhängig von der Landschaftsgestalt, primitive Arten von Eukalyptus und Akazie; die Berge Indiens schützten ausgedehnte Zedernwälder, die in Zeiten der Flut bis in die Höhen gewandert waren und durch zahllose Jahrhunderte hindurch ihren Körperbau so anpaßten, daß sie mit wechselnden Klimabedingungen zurechtkamen.

In allen diesen Zeitaltern hielten sich die großen Bäume mit geringen Veränderungen an ihrer Gestalt oder Struktur; Untersuchungen und Vergleiche der fossilen Überreste von fünfundvierzig solchen Arten aus den Eozän- und Miozän-Lagerstätten der nördlichen Halbkugel, darunter etwa zwölf Arten aus Nordamerika, lassen dies erkennen. Die Lagerstätten sind in Frankreich, der Schweiz, Österreich, Böhmen, Deutschland, England und Spitzbergen. In Nordamerika wuchsen sie an der Mündung des Mackenzie-Stromes, in Alaska, in verschiedenen Teilen des Felsengebirges, in Oregon und Kalifornien. Vermutlich wurden sie während der Eiszeiten in Europa zum Mittelmeer hin verdrängt und gingen dort zugrunde, weil sie nicht weiter südwärts vorankamen. In Nordamerika waren die Klimafaktoren dergestalt, daß sie nur in Kalifornien überlebten. In vieler Hinsicht sind die Mammutbäume die erhabenste Form von Wäldern auf der Erde. Jahrtausende hindurch sind sie hier gewachsen, das schönste Beispiel des Pflanzenwuchses der Miozänzeit, das wir heute auf Erden haben.[2]

An der Küste des blauen Stillen Ozeans, von Monterey... bis zur Grenze von Oregon, erstreckt sich das Reich der Mammutbäume. Es ist das Reich der höchsten, ältesten lebenden Bäume, und für mich ist seine Schönheit unvergleichlich. In diesem ganzen Waldgebiet herrscht eine Atmosphäre der Ruhe, die ein alldurchdringendes Gefühl geheimnisvoller Verzauberung vermittelt. Es ist unwirklich! Eine Märchenwelt![3]

Der Zukunft der Mammutwälder habe ich mich in der Zeit der Wirtschaftsflaute gewidmet. Für viele waren die 1930er ein Jahrzehnt der Verzweiflung, aber der schöpferische Antrieb durch die Forstwirtschaftspläne von Präsident Roosevelt brachte einen großen Abschnitt der Grünen Front *(St. Barbe Bakers Kampagne der Landkonservierung)* voran. In diesem Abschnitt der friedlichen, fruchtbaren Schlacht um den Schutz der Wälder verbrachte ich die Jahre bis 1939. Der Kampf erfüllte meine Tage, der Glaube und die Liebe, die ich dafür aufbrachte, erfüllten mein Herz.[4]

Ich trat jetzt auf ein offeneres, parkähnliches Land und konnte über eine Wiese sehen. Zum erstenmal waren die Wipfel der Riesenbäume sichtbar. Der Untergrund war weich und gab nach, und wo ich auf die erste Lichtung kam, lag ein massiger Stamm da, fast hundert Meter lang. Ich fragte mich, ob

---

2 The Redwoods, S. 9f
3 The Redwoods, S. 42
4 Dance of the Trees, S. 113f

er in einem Tornado gestürzt war. Er war tief in die Erde eingebettet; ich schritt den riesigen Stamm entlang, die weiche Rinde war nach vielleicht tausend Jahren Liegens immer noch unversehrt.

Hier war der Höhepunkt des Waldes. Der tiefere Grund für die Langlebigkeit dieser Art Wald ist, daß dortzulande ein vollkommenes Gleichgewicht zwischen den Sequoia und dem Umfeld herrscht. Die Bedürfnisse jedes Baumes waren bisher gedeckt: Tiefe und Zusammensetzung des Bodens, Feuchtigkeit, Wärme.

Gibt es eine Grenze für ihr Wachstum? Warum sind sie nicht noch größer? Warum sind Bäume, die viertausend Jahre alt sein mögen, nur wenig dicker und nicht höher als diejenigen im Alter von tausendfünfhundert Jahren? Warum wuchern sie nicht, warum werden sie nicht noch mächtiger? Die Antwort auf diese Fragen lassen sich bei der Untersuchung der aus dem Boden herausragenden Wurzeln eines umgestürzten Baumes finden. So groß diese Wurzeln sein mögen, verglichen mit der Größe des Baumes sind sie eher klein. Wäre ihr Wachstum nicht begrenzt, würden sie in weiter Umgebung den Boden auslaugen, weil sie zu weit vom Mutterbaum entfernt wären, um vom Kreislauf der fallenden Blätter gespeist zu werden. Auch hier beobachten wir den Grundsatz des Gleichgewichts. Selbst die größten Wesen der Welt haben ihre Schwächen, selbst die bescheidensten Geschöpfe ihre Mittel, sich zu schützen.[5]

Im Unterschied zur Sequoia gigantea, die sich nur durch Samen fortpflanzt, bringt es die Sequoia sempervirens, die Immerlebende, fertig, ihre Art durch Dutzende von Ablegern zu vermehren, die rund um den Stumpf eines Mutterbaumes aufgehen. Sie wetteifern miteinander um Licht und Luft, wachsen und gedeihen tausend oder gar zweitausend Jahre lang, um dann vor ihrem Tod neue Schößlinge zu treiben, die

5 The Redwoods, S. 36

ihrerseits wieder mit ihren Brüdern wetteifern, ihre Zeitspanne leben und eine neue Generation von Bäumen hervorbringen, die weitere zweitausend Jahre leben mag. Ich habe große Säulenkreise gesehen, siebzig Meter und mehr im Durchmesser, die nach sorgfältigen Messungen aus einem Mutterbaum hervorgegangen sein dürften, der vor neuntausend Jahren lebte. Hier herrscht nie endendes Leben; wenn der Kreis der Bäume jetzt geschützt wird, wird er sich in die unbekannte Zukunft hinein entwickeln. Kein anderer Baum kommt an Langlebigkeit dieser Abfolge gleich. Muß nicht der Mensch Lebewesen, die der Unsterblichkeit so nahekommen, Gerechtigkeit widerfahren lassen oder zumindest Hochachtung bezeigen?[6]

Werden wir ihre Geheimnisse je ergründen? In ihrer Gegenwart ist der Mensch überwältigt von einem Gefühl der Bedeutungslosigkeit; denn die Mammutwälder sind die erhabenste Errungenschaft des Baumwachstums in der Welt von heute. Millionen Jahre haben sie gebraucht, um ihre Gestalt und ihre Vollkommenheit anzunehmen. Sie sind fürwahr der Tempel des Allmächtigen, und doch wurde der Mensch, der ihr Beschützer hätte sein sollen, ihr Zerstörer.[7]

Hier im Hain dieser Unsterblichen fragte ich mich, ob ich Augenzeuge der waldklimatischen Klimax aus den Lehrbüchern geworden bin oder aber ob diese Wälder nach wie vor in einem Zustand des Werdens sind. Dahinter stand immer die noch allgemeinere Frage, ob das Wachstum vom Klima abhängt oder das Klima von denjenigen Arten, die das Baumkleid der Erde ausmachen.

Sicher ist, daß hier die Natur die Voraussetzungen für Höchstwachstum bereitstellt, indem sie den Verrottungsprozeß aufrechterhält, den sie Zeitalter hindurch entwickelt hat.[8]

---

6 The Redwoods, S. 88
7 The Redwoods, S. 5
8 Land of Tané, S. 52f

Der ganze Mammutwaldgürtel umfaßte ursprünglich etwa dreihunderttausend Hektar, von denen heute mehr als ein Drittel abgeholzt ist *(Zahlen aus den frühen 1940er Jahren).* Der schmale Saum dieser Monarchen entlang der Redwood-Empire-Straße muß beträchtliche Waldgebiete zum Hinterland haben; denn wenn die Holzfäller an diesen Saum gelangen, werden die Bäume dem vollen Anprall des Windes ausgesetzt, in der Folge umgeblasen und vernichtet. Dann kann es zu einer Klimaveränderung im Ergebnis der Zerstörung großer Waldflächen kommen.

Wer könnte bestreiten, daß das prachtvolle Klima Kaliforniens den Auswirkungen der Mammutwälder viel verdankt, ja ganz und gar durch ihren Einfluß angereichert wird? Niemand kann das Ausmaß dieses Einflusses abschätzen, aber meinem persönlichen Gefühl nach ist er beträchtlich. Die Mammutwälder verdichten und filtern Wassertropfen aus dem Küstennebel, der in den trockensten Sommern oft am stärksten ist. Dieser sogenannte waagerechte Niederschlag dürfte von großem allgemeinem Vorteil für den Pflanzenwuchs sein und das, was sonst Ödland wäre, in einen Zustand der Fruchtbarkeit verwandelt haben. Allein aus diesem Grund sollten große Gebiete mit diesen gesundheitsfördernden, lebenspendenden Bäumen bewahrt bleiben, ganz unabhängig von der künftigen Wohlfahrt der Baumwelt selbst.[9]

Ich war bestürzt, in welchem Ausmaß diese wunderbaren Riesen als Baumaterial abgeholzt werden.

Das Problem war, ein genügend großes Gebiet unangetastet zu lassen, damit das Gleichgewicht der Natur gewahrt bleibt. Die Bäume mußten gedeihen und sich in derjenigen Atmosphäre fortpflanzen können, die sie selbst geschaffen hatten.[10]

---

9 The Redwoods, S. 58ff
10 Dance of the Trees, S. 94

Der Kampf um die Bewahrung des Mammutwaldes geht weiter. Es hat den Anschein, als müsse jede Generation darum kämpfen, daß ihr Erbe an Mammutbäumen erhalten bleibt.[11]

Hier kann der Mensch sich seiner Einstellung zu den Bäumen und zur Natur genauer bewußt werden. Hier kann er einen Sinn für den Rhythmus der Natur wiedererlangen und sich auf das Weltall einstimmen.[12]

Zur Beschreibung eines Regenwaldes: Seit Jahren wußten wir vom großen Kongowald. Jetzt waren wir seinem Herzen nahe, in Aturi, mitten drin in dem, was man uns als den letzten großen Tropenwald Afrikas beschrieben hat.

Hier gab es die Familie der Schmetterlingsblütler und Bäume der Meliazeen einschließlich der großen Mahagoni und des afrikanischen Walnußbaumes, Hölzer von ausgesuchter Maserung und feinem Duft. Ich fühlte mich zuhause, denn ich erkannte viele alte Baumfreunde aus den Regenwäldern Nigerias, aber auch die selben hölzernen Lianen, die jüngere Bäume mit einem dichten Zeltdach überspannen und so das sengende Sonnenlicht abhalten.

Da hindurch führte also die breite Straße; sie ging mitten durch das Walddickicht und ermöglichte dem Reisenden den Anblick eines Querschnitts. Es war das prächtige Bild eines Baumwuchses in unendlicher Vielfalt - Bäume von vielerlei Arten, die man selten vermischt sieht, ein Paradies für Botaniker und Pflanzensammler. Auch Orchideen gab es, die an den Stämmen hoher Bäume emporwuchsen, als Girlanden im Schatten der Blätter, zwischen frechen kleinen Papageien, schwatzhaften Affen und selten schönen Schmetterlingen.

Aber plötzlich hörte der Wald auf, und wir kamen in eine Brandrodung: zuerst unbepflanztes Land, noch heiß vom Abbrand, mit großen rauchenden Stämmen und Haufen von

---

11 My Life, My Trees, S. 145
12 The Redwoods, S. 91

Holzasche. Das sollte eine neue Pflanzung werden, Teil einer riesigen Papaya-Plantage. Jedes Jahr wird ein weiteres Gebiet abgebrannt, frischer fruchtbarer Boden als Ersatz für das, was durch den Landbau abgewirtschaftet worden ist.[13]

Zur Schilderung eines nigerianischen Waldes: Der Eindruck, den man in diesem Wald bekommt, ist der eines unbarmherzigen, nie enden wollenden Kampfes ums Dasein, bei dem der Starke den Schwachen unterdrückt. Was im Unterholz dicht über dem Boden geschieht, ist fast nicht auszumachen, so verschlungen sind die Rankengewächse und Lianen. Aber in diesem Bereich entscheidet sich das künftige Schicksal des Baumes.

Vom Boden aus ist es schwierig, ja unmöglich, die Baumwipfel klar zu sehen. Als ich das erste Mal in Benin war, fuhr ich mit dem Fahrrad vor dem Frühstück los, zuerst in die eine, dann in die andere Richtung, immer mit der Hoffnung, einen Aussichtsplatz zu finden, von dem aus ich das Leben in den Baumwipfeln studieren könnte. In Sapoba machte ich mir mit der Hilfe eines Waldbewohners eine Leiter, kletterte damit zum Wipfel des höchsten Baumes und baute mir dort eine gemütliche Plattform, von der aus ich das verwirrende Leben in den Baumkronen beobachten konnte. Ich kam mir vor wie in einer anderen Welt, verglichen mit dem Anblick der Bäume vom Boden aus.

Wie herrlich war die ganze Szenerie mit kleinen Vögeln, die von Blüte zu Blüte flatterten, und Schmetterlingen, die zum Schutz vor ihren gefiederten Feinden getarnt waren. Ich fragte mich, wie die Mahagoni-Babies, die ich auf meinen Kartenskizzen vermerkt hatte, je diese erhabenen Höhen erreichen können.[14]

---

13 Sahara Challenge, S. 96f
14 My Life, My Trees, S. 43f

St. Barbes Erfahrung mit dem Kauriwald in Neuseeland: Den ersten Anblick der majestätischen Bäume im Waipoua-Wald werde ich nie vergessen. Sie standen ursprünglich im unberührten Busch; der war jetzt durch eine Lichtung erschlossen worden, so daß ihre mächtigen Stützpfeiler wie eine Säulenreihe wirkten. Überwältigt von ihrer königlichen Würde, fühlte ich mich wie in einem altgriechischen Tempel, denn ihre riesigen Stämme standen in klargeschnittenem Relief gegen das dunkle Grün des niedrigeren Waldwuchses.

Eine bemerkenswerte Eigenart der Kaurifichte ist ihr Stamm, der sich kaum verjüngt, sondern als zylindrischer Pfeiler gut dreißig Meter emporwächst, überwölbt von einer schirmartigen Krone aus olivgrünem Blattwerk.

Weiter unten waren die Stämme fast ganz ohne Äste, aber das wirkte nicht nackt, weil diese Baumpatriarchen einer Vielzahl von Kletterfarnen, Flechten und Grasvorhängen als Wirte dienten, während Luftpflanzen und Orchideen ihre massigen Säulen schmückten. Zähe, verholzte Lianen hingen in der Luft; Büsche, Bäumchen und Sträucher aller Art deckten den Boden um die Baumsäulen als verfilzte Masse.

Es herrschte ein unaufhörlicher, ruhiger, fast gelassener Kampf ums Dasein. Als ich in diesen Parthenon des Waldes eintrat, schoß das Licht durch die Blätter, Sonnenstrahlen tanzten auf den Wedeln der Kletterfarne und der Hängegräser; sie sprenkelten die graubraunen Stämme dieser alten, freundlichen Bäume und schienen mich weiter hineinzuwinken in die hinteren Winkel einer ruhigen Welt, in der es keine Zeit gibt. Plötzlich stand ich vor dem ältesten aller Bäume.... Elf Generationen seiner Familie waren gekeimt und gewachsen, hatten sich ihren Weg empor durch den wirren Pflanzenwuchs erkämpft, über die anderen Baumwipfel geschaut und tausend Jahre regiert, bis sie dann zur Erde zurückgekehrt waren, den Lebenskreis zu vollenden und in ihren Enkeln wiedergeboren zu werden. Hundertundzehn Jahrhunderte hindurch hatte nichts das Schweigen des Waldes gebrochen, außer den

Schreien des Glockenvogels und seiner vielen gefiederten Freunde.[15]

Als Forstbeamter in Äquatorialafrika hatte ich Gelegenheit, die rasche Qualitätsverschlechterung der Waldtypen zu studieren. Ich habe die Waldklimata beobachtet - den Zustand, in dem wundervolle Bäume in der Schlacht gewaltigen Wachstums miteinander wetteifern und der Wald seine Vollkommenheit erreicht. Ich habe dasselbe Gebiet gesehen, nachdem Bauernnomaden eingedrungen waren, den Wuchs von Jahrhunderten abgeholzt und dabei die wertvollsten Hölzer der Welt zu Asche verbrannt hatten, um darin ihre Yamswurzeln zu ziehen. Tagelang bin ich Forstwege entlanggewandert durch einen Bereich, der dem oberflächlichen Beobachter als Urwald erscheinen mochte; aber bei näherer Betrachtung fand ich, daß das ganze Gebiet pockennarbig durchsetzt war von Kahlschlägen. Der Rhythmus ist unterbrochen - nie mehr erreicht dieser Wald seine frühere Herrlichkeit.[16]

---

15 Green Glory, S. 184f
16 Green Glory, S. 26

Der Kampf gegen die Wüste

»Was wie eine mit unerschöpflichen Schätzen bedachte Erde erschien, wird langsam aber sicher ein ausgeplünderter Planet.«

St. Barbe stellte in Umrissen dar, wie die lebensnotwendige Beziehung zwischen Wasser, Bäumen und Mutterboden unterbrochen wird, in erster Linie durch den Landbau und durch das Fällen von Bäumen als Nutz- und Brennholz. Dieser Aufbruch macht das Land in aufeinanderfolgenden Stufen unausweichlich zur Wüste. Mehr und mehr stand die Sorge um diese Entwicklung im Brennpunkt der Lebensarbeit St. Barbes.

Deutlich erkennbar ist, daß es beim Abstieg vom Wald zur Wüste verschiedene Schritte gibt. Wird der Wald für landwirtschaftliche oder andere Zwecke kahlgeschlagen, so werden seine Trümmer früher oder später verbrannt. Der in Tausenden von Jahren angesammelte Humus wird auf diese Weise vernichtet, das Land wird den Elementen ausgesetzt. Das Wasser ist vom Baumbestand abhängig. Sind die Bäume weg, so wird der natürliche Wasserkreislauf unterbrochen; der Grundwasserspiegel sinkt ab, die Wasserförderung durch Verdunstung läßt nach.

Man kann sich vorstellen, daß hundert Liter von einem Baum in die Luft verdunsteten Wassers etwa hundertfünfzig Liter auf den Boden zurückkommen und in den Boden eindringen lassen. Wann immer eine Fläche von mehr als acht Hektar kahlgeschlagen wird, besteht die Gefahr, daß das Grundwasser mitsamt den Quellen auf Nimmerwiedersehen absinkt. Wieviel gefährlicher und schädlicher ist da die Waldvernichtung in großem Stil auf Hunderten und Tausenden von Quadratkilometern! Selbst wenn dies geschieht, bringen Wind und Vögel Samen in das abgeholzte Gebiet, und mit der Zeit erholt sich das Land. Sind aber große Rudel und Herden freßgieriger Tiere da, dann können allenfalls wenige Bäume wieder wachsen. Nicht nur für den Wasserkreislauf sind die Bäume wichtig; sie sind in Wahrheit die Haut der Erde. Nimmt man sie weg, so verschwindet die Muttererde, und die in Jahrmillionen gespeicherte Fruchtbarkeit kann in einer einzigen Saison verlorengehen.

Wenn die Baumdecke fehlt, steigt die Temperatur der Erde; die Wolkenformationen ziehen über sie hinweg, ohne zur Feuchtigkeit beizutragen. Die noch vorhandene Feuchtigkeit verschwindet rasch, wenn sie nicht durch Schatten bewahrt bleibt. Der Mutterboden wird entweder bei stürmischen Niederschlägen weggewaschen oder von den stärker werdenden Winden fortgetragen.[1]

Die hemmungslose Gier des Menschen zerstört in fast jedem Teil der Erde das biologische Gleichgewicht. Was wie eine mit unerschöpflichen Schätzen bedachte Erde erschien, wird langsam aber sicher ein ausgeplünderter Planet. Unsere Wälder und Forste, die unersetzliche Lunge unseres Erdorganismus, verfallen in einen mörderischen Tanz des Todes.[2]

---

1 Sahara Challenge, S. 24
2 Land of Tané, S. 137f

Von den zehn Milliarden Hektar Land auf der Erde sind bereits mehr als neun Milliarden Hektar Wüste. Der Boden geht der Land- und Forstwirtschaft viel schneller verloren, als er wiedergewonnen wird. Gleichzeitig nimmt die Weltbevölkerung explosionsartig zu. Bereits die Hälfte der Menschheitsfamilie steht am Rande des Hungers, denn der Mensch vermehrt sich über die Grenzen hinaus, die das Land ihm setzt.[3]

Viele Gründe werden für die Sache mit der Sahara vorgebracht, aber die meisten vergessen die Entwicklungsstufen vom Wald zur Wüste. Mir beweisen die Verhältnisse in der Sahara diese Stufen in aller Klarheit; ich glaube nicht, daß eine plötzliche verheerende Umwälzung mit natürlicher Anhebung des Festlandes schuld war.

Wird ein Wald des Landbaus oder sonstiger Gründe wegen gefällt, dann werden die Stämme und Äste gewöhnlich verbrannt. Die zweite Stufe der Landverschlechterung ist der sogenannte Obstgartenbusch. Große Bäume bleiben übrig, aber weit zerstreut. Der randständige Wald verkommt zur Savanne. Sanddünen treten auf, und wo der Mutterboden weggeweht ist, tritt der Fels zutage. Die brennende Sonnenhitze heizt den Felsen auf, bis er explodiert; wenn nachts die Temperatur heruntergeht und ihn plötzlich abkühlt, birst und zerbricht er. Der Wind schleift die Felsstücke ab, bis sie zu noch mehr Sand pulverisiert sind.

Wenn die Baumdecke die Winde nicht erfolgreich wehren kann, werden diese immer stärker, bis sie den Sand zu hohen Dünen um einen Felsvorsprung oder einen Hügel herum aufwerfen. Der Sand wird trocken, so trocken, daß der Tritt eines Menschen oder Tieres die Düne hörbar summen läßt, bis der Sand schließlich auf ein niedrigeres Niveau hinunterdonnert.

3 My Life, My Trees, S. 162f

Alle diese Zustände und Entwicklungsstufen sind in der Sahara zu sehen, sogar der Waldgürtel, wie er von der Wüste zurückgetrieben wird.

Die Antwort an die Wüste ist, dem Land die Baumdecke, die ihm entrissen wurde, zurückzugeben. Wo Bäume wachsen, da lebt das Land wieder.[4]

Die Wüsten der Welt sind auf dem Vormarsch. Erbarmungslos hat die sogenannte Zivilisation die natürlichen Hilfsquellen zerstört, so daß nunmehr die nackte Existenz des Menschen auf seinem Planeten bedroht ist. Läßt sich die Flut der Zerstörung aufhalten? Das ist eine Frage, die wir nicht beantworten können. Die Natur zahlt ihre Schulden auf Heller und Pfennig, doch wenn sie übergangen wird, dann straft sie furchtbar.[5]

Wenn wir die Welt von heute betrachten, sehen wir weite Teile ihres Baumkleides entblößt. Während des letzten Jahrhunderts haben wir die natürlichen Hilfsquellen der Erde schlimmer ausgebeutet als alle früheren Geschlechter der Menschheit zusammengenommen. Mit der Abholzung haben wir den Wasserkreislauf durcheinandergebracht.

Moderne Techniken haben den Zerstörungsprozeß beschleunigt. Die Araber brauchten etwa tausendfünfhundert Jahre, um die Sahara herzustellen. In den Vereinigten Staaten hat es nur etwa vierundvierzig Jahre gedauert, bis die sogenannte Staubschüssel gebildet war, und sie dehnt sich blitzschnell weiter aus.[6]

Die Alten glaubten, daß die dünne Wachstumsschicht um die Erde ihre schützende Haut sei und daß... diese Haut - der über die Erdoberfläche verbreitete Wald- und Pflanzenwuchs - sicherlich gegen die Elemente empfindlich sei. Licht, Wärme,

---

4 Dance of the Trees, S. 140f
5 Trees in the Environment, S. 37
6 Dance of the Trees, S. 68f

Feuer und Wasser fördern, hemmen oder stoppen das Pflanzenwachstum, von dem das Leben und das Wohlbefinden der Erde abhängt.[7]

In Nigeria sind Erdnüsse hundert und mehr Jahre erfolgreich angebaut worden. Die Nüsse werden zwischen Bäume gepflanzt und beschaffen sich ihr Wasser auf geheimnisvolle, wundersame Weise. Jeden Morgen öffnet sich die Pflanze; ihre Blätter bedecken dann eine ziemlich große Fläche. Abends schließen sich die Blätter wieder und hinterlassen ein kühles Stück Erde um die Pflanze her. Die heiße, feuchte Luft dringt ein und füllt den kalten Raum. Sie fällt Tau aus; die kühlen, glitzernden Wassertröpfchen bieten jede Nacht so viel wie sieben Millimeter Regen.

Dieses wundersame Verfahren der Natur arbeitet nur dann, wenn die umgebenden Bäume den Tag über relativ kühle Verhältnisse in den höheren Luftschichten schaffen und genügend viel Feuchtigkeit für den Taubefall abgeben.

Als die britische Regierung ihr Erdnußprojekt in Gang setzte, wurden diese wichtigen Tatsachen vergessen - nicht einmal erwogen! Irrsinnig und stümperhaft stolperte man in das Projekt hinein, dumm wie die Maschinen, die schließlich eine neue Wüste produzierten. Den ersten Angriff trugen die Bulldozer vor. Manchmal kettete man ein halbes Dutzend dieser Ungetüme zusammen und fuhr erbarmungslos über das Gelände, so daß alles mitgeschleift wurde: Busch, Gestrüpp und Bäume - Bäume, die den Erdnußpflanzen günstige Lebensbedingungen geschaffen hätten - wurden aus der Erde gerissen, zusammengeschoben und verbrannt. Schließlich war die Baumdecke völlig zerstört.

Das Projekt war ein totaler Fehlschlag; innerhalb weniger Jahre hatte der Mensch eine neue Wüste produziert. Jetzt liegt da ein weites Gebiet von Sanddünen, dreihundert Kilometer lang und hundertvierzig Kilometer breit, das den britischen

---

7 Sahara Challenge, S. 19

Steuerzahler 36,5 Millionen Pfund gekostet hat. Diese Geldausgabe führte zu raschen, ganz unerwarteten Ergebnissen. Statt des Überflusses trat eine Katastrophe ein. Der Rhythmus des Waldes war zerbrochen, das empfindliche Gleichgewicht durch die Baumbedeckung war zerstört, und in kürzerer Zeit als sonstwo in der Welt war eine neue Wüste entstanden.[8]

Nirgendwo würde ich Kahlschläge erlauben. Ich habe ihre üblen Wirkungen gesehen, nicht nur in Äquatorialafrika, sondern auch in Deutschland, wo sich in ihrer Folge der Zustand des Landes verschlechterte. Ich hatte die englische Landschaft vor der Gefahr schützen wollen, daß der Grundwasserspiegel absinkt und das Land, wenn es der Sonne voll ausgesetzt ist, sich erhitzt. Wird das Land ordentlich bewirtschaftet, so kennen diejenigen, die damit zu tun haben, seine normale Temperatur, und es ist wichtig, sie normal zu halten. Entfernt man die Erdbedeckung, so wird das Land abnorm und erhitzt sich. Forstleute sollten immer das Ziel vor Augen haben, Kahlschläge zu vermeiden und Holz dadurch zu gewinnen, daß sie entweder einzelne Stämme oder Gruppen von Stämmen auswählen.[9]

Unterwegs auf der Sahara-Expedition: Mir lag daran, nach Kenia zu gelangen. Dreißig Jahre waren vergangen, seitdem ich dort als stellvertretender Waldkonservator gearbeitet hatte. Unter den Kikuyu hatte ich erstmals die Männer der Bäume als Gesellschaft gegründet.... Wenn ich sie wiedersähe, könnte ich herausbekommen, was in den Jahren seither aus ihnen geworden ist. Aber Kenia war noch viele Meilen weit entfernt.

Nach viertausend Kilometern quer durch die Wüste kamen wir nach Kano *(Stadt in Nigeria)*, der Hintertür zu Äquatorialafrika. Wir waren glücklich, daß wir den schwierigsten Teil

8 Dance of the Trees, S. 52f
9 Dance of the Trees, S. 129

unserer Reise unfallfrei hinter uns gebracht hatten: kein Ärger mit dem Motor, nicht einmal eine Reifenpanne, obwohl wir unterwegs an unzähligen Wracks vorbeigekommen waren.

Wir waren ein kalkuliertes Risiko eingegangen und hatten gewonnen. Wir hatten Überreste von Urwäldern kartografiert, viele botanische Muster gesammelt und die Geschwindigkeit abgeschätzt, mit der unsere Feindin, die Wüste, in die fruchtbaren Gebiete Äquatorialafrikas eindringt.

Am Tag vor der Ankunft in Kano hatten wir den Wüstensaum überquert und waren erschrocken über das Tempo, mit dem er vorankam. Der Sand, vom Wind hergeblasen, begräbt die Feldfrüchte, ehe die Bauern genügend Zeit haben, sie zu ernten. Soweit wir feststellen konnten, gab es keine Beschränkung des Holzfällens. Indem sie den Wald fällen und ihr Land bestellen, fällen die Leute sich selbst.[10]

Der brasilianischen Regierung kann man durchaus nicht vorwerfen, daß ihre Wälder dezimiert werden. Aber das Land, das sie nutzen, ist für die Landwirtschaft völlig ungeeignet. Tatsächlich ist es nicht einmal dafür geeignet, Gras zu ernten. Man kann dort allenfalls ein oder zwei Jahre lang Gras gewinnen; dann erodiert das Land, weil keine Baumwurzeln mehr da sind, die es intakt halten. Sowie der immergrüne Wald beseitigt ist, wird der Boden allmählich ausgewaschen. Was aber wird der Rest der Welt für seinen Sauerstoff tun?[11]

Ich sehe die Sache so: Auf der Schaffarm am Mount Cook in Neuseeland, wo ich lebe, denken wir nicht im Traum daran, Mineraldünger einzusetzen, und mein Schwager bekommt Spitzenpreise für seine Merinowolle. Es ist eine Frage der pfleglichen Wirtschaft; man darf das Land nicht mit Schafen vollpferchen. Die Merinos wandern gern über weite Gebiete. Man braucht zehn Morgen, um ein Schaf zu ernähren;

---

10 Dance of the Trees, S. 152f
11 Man of the Trees, S. 10

das scheint viel, aber schließlich ist hier nicht das Land der Schafe, sondern das Land des Waldes. Mein Schwiegervater pflanzte vor fünfzig Jahren eine halbe Million Bäume als Schutzgürtel, und diese Bäume sind jetzt vierzig Meter hoch und einen Meter dreißig im Durchmesser. Ich habe den Holzertrag ausgerechnet und festgestellt, daß er fünfzig Mal so hoch ist wie der von Schafwolle, netto fünf Dollar pro Morgen, verglichen mit zehn Cents bei der Wolle.[12]

Als ich am Weltkongreß für Waldwirtschaft teilnahm, stellte ich fest, daß sich die Forschung der Silvikultur immer mehr an kurzsichtige Wirtschaftsinteressen prostituiert. Die Silvikultur schaut so verbohrt auf das Endprodukt, Zellstoff und Stammholz, daß sie die vielen lebenswichtigen Werte eines gesunden Waldes völlig aus den Augen verliert. Es blieb nur kurzfristiger, groß angelegter Kahlschlag.[13]

Die Rückeroberung der Wüste muß damit beginnen, daß die Wüste in den Herzen der Menschen überwunden wird. Wir sind Zeugen riesiger Fortschritte bei wissenschaftlichen Forschungen und Erfindungen, aber es ist offensichtlich, daß der geistige Fortschritt der Menschheit mit ihrer wissenschaftlichen Entwicklung nicht Schritt gehalten hat.[14]

Die Wiedergewinnung der Sahara ist eine der größten Aufgaben, denen die Menschen je gegenüberstanden. Da ist eine Wüste von mehr als der anderthalbfachen Größe Australiens. Wir wollen ihre Fruchtbarkeit wiederherstellen. Nicht zu meinen Lebzeiten, aber irgendwann kann es in diesem Ödland Bauernhöfe, Baumwiesen, Gärten, große Städte und Gemeinden von Männern und Frauen geben. Unter dem Sand hat die Natur ihre Vorräte versteckt; sie müssen zum Wohle der

---

12 Man of the Trees, S. 11
13 Man of the Trees, S. 12
14 Land of Tané, S. 44

Menschheit befreit werden. Wir haben das Wissen dazu, wir müssen die Mittel und Wege dazu finden.[15]

Dies ist kein Projekt für eine der vielen Nationen. Viele Nationen, alle Nationen um die Wette, mit allen zu ihrer Verfügung stehenden Hilfsquellen, können etwas ausrichten. Die Zeit und die Naturgesetze können ebenso gut ihre Helfer sein wie ihre Feinde.

Vielleicht ist der Sahara-Gesamtplan noch größer und dauert noch länger, wegen seines großen Umfangs wie auch wegen seiner Klimafaktoren. Aber wenn ein Waldgürtel von tausendsechshundert Kilometern Länge und hundertsechzig Kilometern Breite in den USA gepflanzt werden kann, wenn ein Schutzgürtel von fünftausend Kilometern in der UdSSR errichtet werden kann, wenn Chinas Große Mauer, dreitausend Kilometer lang, zu einer Baummauer werden kann, welche die Wüste abhält, warum kann dann nicht ein Gürtel von sechseinhalbtausend Kilometern Länge und fünfzig Kilometern Breite in Afrika gepflanzt werden?

Während unseres ganzen gegenwärtigen Zeitalters des Industrialismus hat der Mensch versucht, die Natur zu unterwerfen. Jetzt schlägt der Kreislauf der Natur mit unversöhnlicher Gewalt zurück. Die Wüsten sind im Vormarsch. Die Sahara ist im Vormarsch. Der Mensch muß sich ihrer Herausforderung stellen.[16]

Der Grundplan im Sahara-Wiedergewinnungsprogramm ist, Militär und anderes Personal sowie Geldmittel aus den mehr als 120 Milliarden Dollar, die jährlich für die Rüstung ausgegeben werden, abzuziehen, damit sie in der Sahara großflächige Wiederaufforstung betreiben, um das Klima zu verändern und die Nahrungsmittel-Produktion auf immer größeren Flächen zu ermöglichen. Diese berühmteste Wüste der

---

15 Dance of the Trees, S. 184
16 Trees in the Environment, S. 93

Welt ist ein weites Reservoir an Land und Naturschätzen. Afrika hat eine viel größere Bevölkerung, bereits 230 Millionen mit besonders niedrigem Durchschnittsalter; fünfundvierzig Prozent sind weniger als vierzehn Jahre alt. Afrika ist ein wichtiges neues Element in den Vereinten Nationen, nicht nur aufgrund der Wählerstimmen, die es vertritt, sondern auch kulturell, weil es einen völlig neuen, unabschätzbaren Beitrag zur Weltzivilisation zu leisten hat.

Wenn sich die jüngst befreiten Staaten zusammentun und die Vereinigten Staaten der Sahara gründen, um Nahrung für hundert Millionen Mitglieder der Menschheitsfamilie, die jetzt vom Hungertod bedroht sind, zu schaffen, dann ist es an den anderen Ländern, sich die Augen zu reiben, sich zu recken und zu rühren und im Verein mit dem Neuen Afrika ihre eigene Rolle zu spielen, um die ganze Menschheit vor der Geißel des Hungers zu retten. 230 Millionen afrikanische Bauern, Schäfer und Fischer werden mit ihrem guten Willen ein wesentliches Element der Welt von morgen bilden und vielleicht mehr von deren Gewicht auf ihren Schultern tragen als die rund 20 Millionen Stadtbewohner mit ihrer verfeinerten Weltsicht, die von politischen Formeln auf der Grundlage der bereits abgewirtschafteten Einstellungen des Westens ziemlich eingeengt ist.[17]

Daß wir ein Saharaproblem haben, ist nicht bloß tragisch. Schon das Vorhandensein der Sahara gibt der ganzen Welt eine ökologische Lektion von hohem Wert. Die Sahara lehrt uns, wie wir mit einer vollkommenen Landschaft umzugehen haben. Beredter als Worte sagen uns Treibsand und Steinwüste, was geschehen wird, wenn wir gewisse Naturgesetze mißachten. Wir können die Baumdecke einfach nicht beseitigen, ohne Gefahr zu laufen, die Wohltaten des Wasserkreislaufes zu verlieren. Wir können die Erdoberfläche einfach nicht entblößen, ohne daß Sand- und Staubdünen austrocknen.

17 Trees in the Environment, S. 163

Wir können Tieren einfach nicht erlauben, das zu verschlingen, was an Grünem überhaupt noch übrig bleibt. Überweidung durch Rinder, Schafe und Ziegen ist ebenso schädlich für das Land wie der Kahlschlag von Bäumen.

Die Sahara fordert nicht nur Afrika, sondern die ganze Welt heraus. Sie bietet eine ruhmreiche Gelegenheit, unsere Streitigkeiten und die frühere Ausbeutung unseres Planeten sein zu lassen und sie in eine neue, schöpferische Ökonomie zu verwandeln, in eine neue, biologisch richtige Lebensweise, die Gesundheit und Sicherheit mit sich bringt, anstelle der Jagd nach Geld und Macht, die nur im Weltuntergang enden kann. Die Aufgabe ist riesengroß und kann nicht über Nacht erledigt werden. Der von uns dargelegte Plan ist ebenso ethisch wie praktisch und erfordert zweifellos viel persönliches Opfer. Aber die Alternative heißt Tod - Tod der Erde unter unseren Füßen, Tod dem Nachbarn an unserer Seite, das Ende all dessen, was wir lieben und schätzen. Mit Sicherheit ist kein Opfer zu groß, wenn wir unseren Planeten vor der Auslöschung retten und eine neue Vorstellung unserer Einheit und wechselseitigen Abhängigkeit unter einer göttlichen Vorsehung entwickeln.[18]

---

18 Trees in the Environment, S. 168

Die Geschichte wiederholt sich doch

»Bekannte und unbekannte Kulturen wuchsen und vergingen mit der Ausbeutung und Verwüstung ihrer Wälder.«

St. Barbe boten die Geschichte der Kulturen und die Markierungspunkte seines dreiundneunzigjährigen Lebens genügend Beweis für die Torheit des Menschen in dessen Beziehung zur Erde und ihrem Bewuchs. In seine Schriften läßt St. Barbe die Waldgeschichte verschiedener Kulturen einfließen, um zu zeigen, wie die Menschen ahnungslos wiederholt ihre eigene Zivilisation verwüsteten, indem sie den kostbaren grünen humusgesättigten Schwamm aus ihrer Umwelt entfernten.

Ein mächtiger Dämon der Zerstörung ist seit fünfzig Jahren auf die Welt losgelassen. Die gewaltigen materiellen Fortschritte unserer modernen Zivilisation haben sich in die natürlichen Hilfsquellen unseres Planeten hineingefressen. Auch gegen die Wälder der Welt prallte der Ansturm des modernen Industrialismus mit seinem unersättlichen Appetit nach Rohstoffen, lange bevor sich der Mensch seiner ewigen Abhängigkeit von diesen Wäldern bewußt wurde. Den Bäumen verdankt er den aufgestapelten Reichtum der Kohlefelder, die fruchtbare Erde für die Nahrungsmittel-Erzeugung, das Wasser für die Bewässerung, ja sogar die Luft, die er atmet. Bekannte und unbekannte Kulturen wuchsen und vergingen mit der Ausbeutung und Verwüstung ihrer Wälder. Das zeigen die alten Zivilisationen Chinas ebenso wie die Länder rund um das Mittelmeer. Afrikas goldenes Zeitalter erreichte seinen Höhepunkt, bevor die Sahara zur Wüste wurde. Als die Indianer noch frei auf dem amerikanischen Erdteil umherschweiften, gab es dort knapp dreihundert Millionen Hektar Waldland. Das meiste davon ist für Farmen und Weiden, Städte und Dörfer gerodet worden, als die Bevölkerung wuchs.[1]

Nie in der ganzen Menschheitsgeschichte ist eine Waldwirtschaft erhalten geblieben. Die Geschichte der... vergangenen Kulturen ist immer mit der Ausbeutung der Wälder einhergegangen. Jede Kultur stieg zu ihrem Höhepunkt empor, dann ging sie nieder in der Maße, wie sie ihren grünen Mantel aus Wäldern verlor. Achtlos für ihre Abhängigkeit von den Bäumen, versäumten es die Zivilisationen, eine vernünftige Bodendecke zu bewahren; so setzten sie ihre Gesellschaften dem Verfall aus, der sich aus dieser törichten Nachlässigkeit zwangsläufig ergibt.[2]

Der Geschichtsschreiber der Zukunft wird, wenn er auf die Zeit von der Erfindung der Dampfmaschine bis zur Vorherrschaft des Düsenflugzeugs zurückblickt, vieles finden, was seine Aufmerksamkeit fesselt. Er wird fasziniert sein von den nie zuvor erahnten Errungenschaften in Technik und Physik, und er wird nachdenken über unseren allgemeinen, fast selbstverständlichen Glauben an etwas, das wir Fortschritt nennen.

Massen von Menschen arbeiteten und arbeiten immer noch drauflos unter dem Eindruck, sie würden unausweichlich immer mehr Lohn einheimsen, wenn sie fortgesetzt all das zugrunde richten, was die ungeschützte Erde in weit zurückliegenden Zeitaltern aufgebaut hat.[3]

---

1 The Redwoods, S. 79
2 Green Glory, S. 222
3 Land of Tané, S. 44f

Was geschah mit den großen Eukalyptuswäldern Australiens? Diese jungfräulichen Gebiete wurden ungezählte Generationen lang geschützt von harmlosen Eingeborenen, die mit ein paar trockenen Ästen zum Kochen zufrieden waren.

In dieses Waldparadies mit seinen zweihundertfünfunddreißig Eukalyptusarten brachen die Kolonisten ein. Mit großflächigen Abholzungen, durch die riesige Waldgebiete für Ackerland kahlgeschlagen wurden, unterbrachen sie den Rhythmus des Wachstums.

Der Busch war für sie etwas, das mit Axt und Feuer angegriffen werden mußte. Schon bald fanden sie heraus, daß die Asche der verbrannten Bäume ein ideales Wärmebeet für ihre Saaten war; so legten sie immer mehr Wald um.

Nicht zufrieden mit dem Fällen einzelner Bäume, kamen sie auf eine einfallsreiche, aber infame Methode, wie sie einen ganzen Morgen Land in weniger Zeit roden konnten, als man für das Fällen eines einzigen Baumes braucht.

Die Holzfäller hieben die Bäume dergestalt um, daß jeder auf seinen Nachbarn fiel und ihn mitriß. Das spart Arbeit, vor allem im Bergland. Wenn sie als Auslöser die großen Eckbäume - diejenigen auf der Bergesspitze - umhauen, dann purzeln die Bäume in deren Sturzbahn wie die Kegel, bis der ganze Berghang aussieht wie nach einem Wirbelsturm. Die Bäume sind zerfetzt und liegen nach allen Richtungen. Holz, mit dem man Tausende von Häusern hätte bauen können, um Generationen darin Schutz zu bieten, geht dabei zu Bruch. Die Berge hallen wider vom dumpfen Knall der auf den Boden prallenden Stämme wie von den Explosionen eines Artilleriebombardements.

Hohe Stämme, die seit Jahrhunderten den Berg bedeckten, sind zerschmettert, zu einer wirren Masse zertrümmert. Zum Feierabend ist der Boden sechs bis zehn Meter hoch mit den Bruchstücken zersplitterter Bäume und Äste bedeckt. Das bleibt liegen, bis es so trocken wie Zunder ist.

Dann werden ölgetränkte Säcke auf die dichten trockenen Zweige gelegt und angezündet. Flammen tosen den Berghang empor. Schwarze Rauchwolken erheben sich über dem ganzen Gebiet und dringen immer höher hinauf mit ihrer Höllenhitze. Das brennbare Öl des Eukalyptus entwickelt entzündliche Gase. Hochofenhitze greift um sich; bald lodert das ganze Tal mit ohrenbetäubenden Explosionen, die flammende Bäume wie feurige Wurfspieße durch die Luft schleudern und so die Feuersbrunst immer weiter ausbreiten. Der Reichtum von einer Million Jahren an Humus und Holz ist in einem Inferno untergegangen. Felsen werden durch die Hitze gesprengt wie Luftminen bei einem entsetzlichen Fliegerangriff. Immer schneller breitet sich der Waldbrand aus, weil der feurige, von Menschen erzeugte Sturm durch die wachsende Hitze angepeitscht wird. Flammende Klötze und Stämme werden vor der Feuerwalze hergetrieben wie Laub in einem Herbststurm.

Mit der Geschwindigkeit eines Schnellzugs greift die Zerstörung um sich. Wenn das Feuer erlischt, wird schnell ausgesät, sogar während die Erde noch heiß ist und schwelt. Viele Pflanzer zogen sich schwere Verbrennungen zu, weil sie bereits arbeiteten, als der Boden noch da und dort flammte. Das riesige Wärmebeet erzeugt unglaublich rasch eine Weizenernte. Im folgenden Jahr wiederholt sich der ganze Prozeß.[4]

Sooft der Mensch Land für seine Ernährung suchte, fand er es im Wald.[5]

Mit einem Zwölftel der Weltbevölkerung verbraucht Nordamerika fast die Hälfte allen Holzes und mehr als die Hälfte allen Bretterholzes. Der Pro-Kopf-Verbrauch, über fünf Festmeter, ist fünfmal so groß wie der in Europa *(ungefähr 1943)*.

Was passiert mit den Wäldern? Schätzungen besagen, daß Amerika jedes Jahr etwa sechshundertfünfzig Millionen Festmeter Holz in der einen oder anderen Form verbraucht. Das

---

4 Dance of the Trees, S. 108ff
5 Green Glory, S. 23

entspricht etwa zweihundertfünfzig Millionen Bäumen durchschnittlicher Größe, die Jahr für Jahr aus den Wäldern geschlagen werden,... Bäume, die eine Fläche von achtundvierzigtausend Quadratkilometern bedecken; so viel wie die Fläche von ganz England. Waldbrände, Verfall und Insekten zerstören jährlich ungefähr weitere siebenundfünfzig Millionen Festmeter.[6]

In künftigen Jahren wird diese liederliche Ausbeutung des Landes *(auf dem nordamerikanischen Kontinent)* zweifellos als schiere Verrücktheit betrachtet werden, und doch erschien sie bisher den Verursachern - Holzfällern, Farmern und Ranchern - keineswegs als Raub und Verschwendung des Volksvermögens.

Der Fehler liegt hauptsächlich in der Art und Weise, wie wir Volksvermögen in finanzielle Zahlen übersetzen, um sodann diese Finanzzahlen so zu manipulieren, daß wir damit das gesellschaftliche Kräftespiel abschätzen können. Holzfäller und Farmer mußten zusehen, wie sie ohne Verluste durchkamen, und je mehr Geld sie machten, desto größer war ihr Sozialprestige. Für seinen Unterhalt aufkommen und Geld machen war die höchste allgemein anerkannte Tugend zur Zeit der Katastrophe bei den Naturreichtümern. Den frühen Siedlern kam es sicherlich nie in den Sinn, daß mit der Zeit die Mißhandlung des Bodens in so unermeßlichen Gebieten überhaupt auffallen würde. Ihnen erschien das Land absolut unerschöpflich. Als aber Millionen ihrem Beispiel folgten, sah die Sache anders aus.[7]

Vor dreihundert Jahren kamen Siedler aus England auf den nordamerikanischen Kontinent und ließen sich in Plymouth und Jamestown nieder. Um sie her gab es nichts als Wald. Sie schlugen Holz für Blockhütten und lebten von der natürlichen

6 The Redwoods, S. 83
7 Green Glory, S. 229

Nahrung der Wälder. Für diese Siedler war der Wald der Feind, der unterworfen werden mußte; sie führten einen unbarmherzigen Krieg gegen die Bäume. Von den frühesten Tagen ihrer Ansiedlungen an verlangte das Mutterland von ihnen Masten aus Kiefern und Fichten und schweres Eichenholz für die Schiffsrümpfe der wachsenden britischen Flotte. Das war der Beginn der Holzindustrie. Hundert Jahre lang wurde in Neuengland die Weymouthskiefer dem Hausbau der wachsenden Kolonie geopfert, der Anfang der rücksichtslos durchgesetzten Holzwirtschaft, die das Land der Erosion aussetzte und verwüstete Dorfgemeinden hinterließ.

Während die Holzmagnaten die Urwälder in Dollar verwandelten, bauten die Farmer des Mittelwestens Weizen an, um die Bedürfnisse der schnell wachsenden Bevölkerung zu decken. Die industrielle Revolution in England schuf eine Nachfrage nach billigen Nahrungsmitteln; so kamen immer größere Stücke der Prärie unter den Pflug. Nie zuvor in der ganzen Weltgeschichte hatte man Weizen mit so wenig Arbeit produziert; Ernte auf Ernte wurde aus dem tiefen reichen Lehm dieses Farmlandes gezogen, bis er schließlich ausgelaugt war. Da gab man ihn auf und zog weiter auf frisches, jungfräuliches Land im Westen. Was die Bauernnomaden in Afrika trieben, wiederholte sich hier, nur in riesenhaftem Ausmaß. An die Stelle des einzelnen Mannes mit der Machete trat hier der Mann mit dem Pflug: zuerst der Mehrfachpflug mit sechs Pferden davor, mit denen man viereinhalb Morgen am Tag umbrechen konnte, dann der Traktor, der die Geschwindigkeit der Ausbeutung enorm steigerte - aber immer in der Weise, daß heruntergekommenes Land herrenlos zurückblieb. Es war der Fortschritt des Liederjans,[8] der unausweichlich im Ruin endet.

Eine derartige Ausbeutung beraubt den Boden seiner Schutzdecke. Das Land wurde entwaldet, abgebrannt, durch

8 Im Original »a rake's Progress«, nach den berühmten, 1735 veröffentlichten acht Blättern des englischen Kupferstechers William Hogarth (1697 - 1764); der Übersetzer

Überweidung erschöpft, durch fortgesetzte Ernten ohne Düngung der Humusschicht beraubt. So folgte die Katastrophe unausweichlich. In der Trockenzeit wurde die Oberschicht zu Staub reduziert und vom Winde verweht. Ohne den Schutz des Waldes nahm der Wind an Gewalt zu und verwüstete das nackte Land. Wenn dann der Regen kam, hatte er geringen Wert, weil der Staub ihn nicht aufsaugen konnte; was vom Nährboden mit seinen wertvollen Salzen übrigblieb, wurde die Rinnsale hinuntergewaschen zu den Flüssen, die über die Ufer traten. Während des Ersten Weltkriegs erzielte der Weizen Spitzenpreise; jeder verfügbare Morgen Land, ob geeignet oder nicht, wurde für den Anbau umgepflügt. Als nach dem Krieg die Preise purzelten, wurde dann das ganze Farmland aufgegeben. Unkultiviert war es den Elementen auf Gnade und Ungnade ausgeliefert. Eines Tages stand ich in Chicago auf der Straße... und erstickte beinahe am Staub. Ich fragte meine Freunde nach der Ursache dieses unangenehmen Erlebnisses und bekam zur Antwort: »Ach, das sind die Dakotas.« Dieser Staub war das, was von der Humusschicht eines einstmals reichen Weizenlandes übrig blieb und vom Wind Hunderte von Kilometern weit weggeblasen wurde - nicht nur die Städte im Osten belästigend, sondern vor allem die Felsen entblößend, von denen er herkam.[9]

Über die Bodenzerstörung in Alberta: Aus dem letzten fruchtbaren Land des Westens kommend, traf ich Hunderte von verwirrten Farmern aus den Vereingten Staaten aus der neugebildeten Staubschüssel. Viele ihrer Farmen waren vom Treibsand zugeschüttet, oder aber der Mutterboden war fortgeweht, so daß sie keinerlei Frucht mehr anbauen konnten. Sie hatten von dem tiefen, reichen, schwarzen Lehmboden des nordwestlichen Alberta gehört und zogen nordwärts, um ihr schändliches Werk des Weizenanbaus und der letztendlichen Zerstörung dort fortzusetzen. Sie erzählten mir, daß in vielen

---

9 Green Glory, S. 59ff

der am meisten betroffenen Staaten fast alle Farmer aufgeben. Nach vielleicht drei aufeinanderfolgenden Mißernten standen es die Farmer nicht länger durch. Ich vernahm ihren bitteren Humor und merkte, wie ihnen überhaupt nicht zu Bewußtsein kam, daß sie selbst die Zerstörung angerichtet hatten und nun aus der selbstverschuldeten Hölle flohen.[10]

Griechenland ist ein anderes Land, das in vergangenen Zeiten mit ewigem Grün bedeckt war. Ursprünglich war das ganze Land mit geringen Ausnahmen ein einziger Wald. Unter der Herrschaft der alten Griechen wurden die Wälder von tausend Waldgottheiten und Nymphen aus heiligen Hainen geschützt, bis der Fanatismus der frühen Christen zu einem Krieg gegen die heidnischen Hochburgen führte und diese mit Axt und Feuer zerstört wurden. Jahrhunderte der schlechten Regierung, der Überbesteuerung, des rücksichtslosen Kahlschlags, der Überweidung durch Ziegen und Schafe zusammen mit Feuersbrünsten ließen die Waldfläche schrumpfen; heute bedeckt sie nur noch 1.917.980 Hektar oder 15,1 Prozent der Gesamtfläche des Landes *(etwa 1940)*. Tatsächlich gibt es dort keinen Urwald mehr. Die vielen Inseln sind völlig entwaldet, desgleichen die Meeresküsten, in alten Zeiten dicht von schattigen Pappeln bestanden. Zurück blieb eine Szenerie mit nacktem Sand und ödem Fels.[11]

Wenn die Bevölkerung wächst und der Lebensstandard steigt, werden die menschlichen Bedürfnisse komplexer und der Holzverbrauch steigt. Für jeden Holzersatz werden in der heutigen Welt gut zehn neue Verwendungsmöglichkeiten für Waldprodukte in dieser oder jener Form gefunden. Vor dem Ersten Weltkrieg gab es vierhundert bekannte Anwendungen für Holz. Am Ende dieses Krieges waren es bereits viertausend.

---

10 Green Glory, S. 66
11 Green Glory, S. 129

Der Umfang des Holzwuchses in der Welt wird grob auf eine Milliarde Festmeter im Jahr geschätzt. Wenn man sich vor Augen hält, daß der Verbrauch 1,6 Milliarden Festmeter beträgt, dann zeigt sich, daß wir 600 Millionen Festmeter im Jahr mehr schlagen oder verbrauchen, auf jeden Fall zerstören, als nachwächst *(etwa 1956)*.

Der Gesamtwert der Weltausfuhr an Waldprodukten liegt in der Größenordnung von sechs Prozent des gesamten Welt-Außenhandels. Er wächst sehr schnell, vor allem bei Zellstoff, Preßspan, Packpapier und anderen Waldprodukten wie Sperrholz als *Ersatz für Schnittholz (etwa 1956)*.[12]

Ein Kikuyu sagt zu St. Barbe etwa 1953: »Sie erinnern sich an mich, Muthungu. Sie erinnern sich gut, denn ich war in Mugaga auf dem Land, das Ihrer Baumschule am nächsten war. Ich bin landwirtschaftlicher Berater für mein Volk. Ich möchte, daß Sie sich das, was ich Ihnen sage, einprägen. Es geht um den Grund, warum die Leute so stumpfsinnig dreinsehen. Sie leben auf einem sehr engen Gebiet. Auf allen Seiten sind sie von Europäern umgeben; die Europäer haben alles Land genommen, das angebaut werden kann. Sie haben das Land der Leute in Dagoretti genommen, so daß sie nur ein kleines Gebiet zum Leben haben. Kinder werden geboren, die Bevölkerung wächst. Sie sind wie Gras, das nicht mehr wächst, wenn man es niederbrennt. Die jungen Männer sind nicht mehr so stark, wie sie in alten Zeiten waren. In alten Zeiten bearbeiteten die Leute ihr Land im Fruchtwechsel. Jetzt gibt es keinen Raum mehr dafür. Sie sind verhindert, dieses System des Landbaus anzuwenden. Sie schauen stumpfsinnig drein, weil sie davongejagt werden, wenn sie sich ohne rechtliche Erlaubnis ansiedeln, und dann schafft man sie in ein kleines Gebiet; denn die großen Landgebiete sind voller Kaffee, den die Europäer gepflanzt haben. Sie sind hautnah zusammengepackt, und deshalb sind sie ausgemergelt.«

---

12 Dance of the Trees, S. 134

Er nahm vier lange Grashalme und legte sie parallel zueinander auf den Boden. Auf den Raum zwischen den ersten beiden zeigend, sagte er: »Mein Urgroßvater, mein Großvater, mein Vater und ich haben dieses Land in diesen Jahren angebaut. Es sind etwa fünfzehn Morgen, und die ganze Zeit hat dieses Land vier Familien ernährt, etwa achtzig Menschen. Aber jetzt ist es verbraucht und trägt nur wenig, und wir haben kein anderes Land, das uns nährt.«[13]

Überall in der Welt finden wir die Ruinen einst blühender Städte, die verfallenen Überreste großer Kulturen. Nur zu oft entdeckt man diese Spuren der Vergangenheit inmitten nackter, erbarmungsloser Wüsten.

In Nordafrika, wo der Treibsand heute des Menschen tödlicher Feind ist, breiteten sich einstens die reichen Felder Karthagos. In Persien können wir eine Geschichte der Bodenerschöpfung, der Mißernten und der schließlichen Landaufgabe verfolgen. Der mächtige Tigris fließt durch das Zweistromland in einem durch erodierten Boden angehobenen Bett. Sein Lauf wird von kahlen Szenerien begleitet, die schlimme Dinge ankündigen: von sandigen, nackten Hügeln, unfruchtbaren Böden, trostlosen Ruinen - all das ist von antiken Städten zurückgeblieben.

In Mittelamerika, auf Ceylon und in Colombo finden wir Spuren von längst vergangenen Zivilisationen. In diesen Klimaten ist die Natur friedicher, aber der Mensch fällte die Bäume und zerstörte den natürlichen Wasserkreislauf. Die Gefahr kommt in tropischen Ländern von den Regenfällen. Ohne Bäume gibt es nichts, was den Boden hält; die wirbelnden Wasser stürzen die Berge herab und tragen den Mutterboden für immer fort.[14]

---

13 Sahara Challenge, S. 128f
14 Dance of the Trees, S. 51f

Notizen von der Sahara-Expedition: Zu unserer Verblüffung war die Geschichte von unseren Pfirsichsteinen durch die französischen Zeitungen und Illustrierten sogar in das kleine Hotel, wo wir essen wollten, vorangeeilt. Unser Wirt bat eifrig, ihm einige Pfirsichsteine für Versuche in seinem bewässerten Garten zu überlassen. Das taten wir bereitwillig und tauschten Kartoffeln gegen Datteln und das gut zubereitete Mahl, das wir genossen. So weit weg von der Küste waren Kartoffeln ein Luxusgut.

In der Nähe der Stelle, wo die Pfirsichbäume wachsen sollten, zeigte man uns die Überreste eines riesigen versteinerten Baumstumpfs, der aus der nahen Wüste dorthin verbracht worden war. Er war von einer unbekannten Gattung, aber besser erhalten als alle, die wir im Museum gesehen hatten, und anders als alles, was uns im Atlasgebirge begegnet war. Wir waren jetzt Hunderte Kilometer von diesem Gebirge entfernt. Es wäre interessant zu wissen, wie alt dieser Baum geworden war und wie weit sich der Wald einst ausdehnte.[15]

Den ganzen Tag fuhren wir auf ein Felsengebirge zu, und abends rasteten wir am Brunnen von Ekker, der im Schatten einer großen Tamariske liegt.

Der Wirt des Rasthauses, ein Mann von etwa fünfzig, war ein vorzüglicher Gastgeber und sprach ein gutes Französisch. Als er uns ein paar seiner kostbaren Holzscheite gab, damit wir unser Abendessen kochen konnten, fragten wir ihn, wo er sie herhabe.

»Ich habe sie gekauft,« sagte er. »Man findet diese Bäume immer noch hie und da, sie wachsen an den Ufern der Wadis.«

Wir waren interessiert und sagten ihm, wir seien Forstleute auf der Suche nach alten Wäldern.

---

15 Sahara Challenge, S. 46f

»Nun gut, als ich ein kleiner Junge war, da war der ganze Berg da« - er zeigte auf den Gebirgshang - »ein großer Wald.«

Aufregende Neuigkeiten! Hier war zu guter Letzt diejenige Art von Beweisen, nach der wir Ausschau hielten. Wir hatten einen Mann gefunden, der uns aus erster Hand aufzeigen konnte, was wir brauchten. Er hatte das alles selbst gesehen.

Gespannt fragten wir ihn weiter aus.

Er erzählte uns, daß es hier reiche Ernten gegeben hatte, als er ein Kind war. Dieser große Wald war damals bekannt unter dem Namen »der letzte Wald«; sein Vater hatte noch weitere gekannt. Aber Leute waren gekommen und hatten die Bäume abgeholzt; selbst die Stümpfe und die Wurzeln hatten sie herausgerissen, um Holzkohle und Brennmaterial zu gewinnen.

Am nächsten Morgen war ich bei Sonnenaufgang auf den Beinen, um selbst zu dem Berg hinzugehen. An seinem Fuß lag dunkler Sand. Etwas, das sich von den Steinen unterschied, fiel mir auf. Ich hob es auf. Es war ein gebleichtes Stück Holz. Bald fand ich weitere, über das ganze Gelände im Sand verstreut, die meisten halb bedeckt. Ich ging mit meinen Funden zu dem Wirt zurück.

»Sie finden Unmassen davon in der ganzen Wüste. Sie sind zu klein, als daß sich die Leute danach bücken,« sagte er nüchtern.

Für uns waren das Schätze, die uns für alle Strapazen der Reise belohnten; für uns war es der Beweis, daß mitten im Herzen der Sahara noch zu Menschengedenken der letzte Wald kahlgeschlagen worden ist.[16]

Zur Beschreibung eines Gebiets im nördlichen Niger bei Agades: Hier gab es etwas Landbau, aber die Felder waren bereits unter dem vom Wind hergetragenen Sand begraben. Dieses Gebiet hatte dem Druck der größeren Sahara bis vor einigen Jahren widerstanden, solange es noch bewaldet war.

---

16 Sahara Challenge, S. 53f

Die Bauern verschafften sich jedes Jahr neues Land, indem sie die Bäume abschlugen. Jetzt hatten sie ihren Schutz beseitigt und hielten sich in der letzten Ecke des Waldlandes, völlig eingezingelt von der größeren Wüste und abgeschnitten von allen menschlichen Behausungen oder anderen Nahrungsquellen außer den unsicheren Ernten, die sie einbrachten, bevor sie weiterzogen.

Hunderte von Kilometern waren wir durch einen Friedhof sterbender Arten gefahren. Jener einzelne umgestürzte Baum, den wir untersucht hatten, war ein Anzeichen für die Geschwindigkeit, mit der sich die Sahara wie ein Tintenfisch breitmachte. Man konnte kaum glauben, daß dieses Gebiet zu der Zeit, als Livingstone Nyassaland erforschte, ein Teil des großen nigerianischen Regenwaldes war. In anderen Regionen waren seit Menschengedenken blühende Bauernhöfe verschwunden; später auf meiner Expedition mußte ich mich an Stellen, die während meines Afrikaaufenthaltes vor dreißig Jahren meine Lieblingsplätze im Wald waren, durch sandiges Ödland schleppen. Hier konnte man den ganzen Prozeß der Verödung vom Hochwald über die Stufen des Obstgartenbusches und der Savanne bis zum Treibsand mit Händen greifen.[17]

Bei der Rückkehr nach Kenia dreißig Jahre später: Als ich stellvertretender Forstkonservator war, gehörte Elgon nicht zu meinem Gebiet; ich hatte mir immer gewünscht, hinzugehen und es zu sehen. Damals waren die Urwälder noch intakt; ich wünschte immer, das Elgon-Gebiet wäre größer, weil es wichtig für die Wassergewinnung war.

Von der Wassergewinnung hängt die Fruchtbarkeit der ausgedehnten Ländereien ab, die jetzt von Siedlern besetzt waren. Ich schaute jetzt *(dreißig Jahre danach)* über eine Landschaft, die Jahrtausende hindurch Wald gewesen war, wo jetzt unübersehbare Kaffee- und Akazienplantagen sowie rie-

17 Sahara Challenge, S. 69f

sige Weizenfelder das Bild beherrschten. Bald entdeckte ich, daß dieser Teil des Landes eine Oase war, verglichen mit den vielen Gebieten, die unter fortgesetzter Grundwasserabsenkung litten.

Es gibt eine Schule von Wunschdenkern, die locker von nassen und trockenen Zyklen daherredet und gern glauben möchte, die Klimaperiode, die wir derzeit durchmachen, sei nichts als eine besonders lange Trockenzeit. Ich habe sehr rasch alarmierende Anzeichen dafür festgestellt, daß selbst dieser noch fruchtbare Teil Afrikas dem allgemeinen Austrocknungsprozeß nicht entgeht. Zum Beispiel ist der Naiwaschasee um etwa achthundert Meter von der Uferlinie zurückgefallen, die ich vor dreißig Jahren gesehen hatte. Ich bin über Hochebenen gefahren, die vor dreißig Jahren gut bewässert waren, heute aber ausgetrocknete Halbwüsten sind.

Viele alte Freunde hießen mich willkommen: solche, die sich inzwischen dort niedergelassen hatten, und solche, die schon damals dort waren. Ich ging von Farm zu Farm. Immer wurde ich mit denselben Klagen begrüßt. Das Land trocknet aus, die Regenfälle werden unregelmäßig, die letzten kurzen Regen haben nichts gebracht. Wenn die fortschreitende Austrocknung sogar von den dort Lebenden festgestellt wird, dann ist es kein Wunder, daß sie mich, der ich dreißig Jahre weg gewesen war, schockierte.[18]

Ein Freund erzählte mir, als er nach New York zurückgekehrt sei, habe er Gifford Pinchot *(den Schöpfer des ersten US-Walddienstes)* aufgesucht, der zwei Bilder aus der Tasche zog: die Wiedergabe eines chinesischen Gemäldes, etwa dreihundert Jahre alt, sowie eine Fotografie derselben Ansicht aus dem Jahr dieser Begegnung. Auf dem ersten Bild waren die Berge vollständig mit Nadelwald bedeckt. Am Fuße des Berges lag eine volkreiche Stadt in einem fruchtbaren Tal, durch das ein Fluß ging. Der einzige Hinweis auf Holzein-

18 Sahara Challenge, S. 110f

schläge auf dem Gemälde war eine Wasserrutschbahn, auf der einige Stämme zu Tal geflößt wurden. Die dreihundert Jahre später aufgenommene Fotografie zeigt dieselben Höhenzüge der Berge, aber sie sind öd und kahl. Keine Spur ist verblieben von ihrer früheren Herrlichkeit. Das einstmals fruchtbare Tal ist mit großen Felsblöcken übersät, die Bodendecke verschwunden, der Boden ausgetrocknet und für immer unfruchtbar. Von der blühenden Stadt sind ein paar verfallene Hütten übriggeblieben. Roosevelt sagte mir, das alles hätte ihn dermaßen schockiert, daß »er von diesem Tag an nie mehr zurückgeschaut« habe. »Sie wissen, was ich dann getan habe.«[19]

19 Green Glory, S. 67

Die neue Erde

»Die Gegenwart ist voll von Möglichkeiten.«

*St. Barbe fordert eine neue Beziehung zur Natur, eine Beziehung, die von den Ureinwohnern in aller Welt geteilt wird: Rücksicht für alles Lebendige, Aufgeschlossenheit für unsere wechselseitige Verbundenheit mit allem Leben. Als Mann der Tat wollte St. Barbe die Rücksicht übertragen sehen auf gezielte Bemühungen um die Umweltsanierung. Ungeachtet des breiten Fächers der Umweltproblematik glaubte er an **die** Problemlösung für jeden Mann, jede Frau und jedes Kind: Bäume pflanzen und Bäume betreuen.*

Es geht nicht nur darum, daß die Welt dann besser wird, wenn Bäume geschützt, nachgepflanzt und vermehrt werden. Es geht darum, daß ein derartiges Ziel zum Impuls wird für die Entwicklung einer Stimmung und einer Weltsicht, die es in wachsendem Maße zur natürlichsten Sache machen, an die Zukunft, die anderen Menschen, die noch ungeborenen Generationen zu denken. Einen Baum pflanzen, das ist das Symbol einer vorausschauenden Tat - vorausschauend, aber nicht gar zu weit.[1]

Ihre Heimatliebe wird sich erweitern zu einem Gefühl für die Erde unter Ihren Füßen. Wie die Menschen im Altertum werden Sie die Erde als ein empfindendes Wesen betrachten.

---

1 Trees in the Environment, S. 1

Sie werden ihre Verwandtschaft mit der Erde spüren und den Wunsch entwickeln, ihr Wasser vor Mißbrauch zu schützen. Sie werden es nicht länger Schaden stiftend ausbeuten und durch Turbinen stürzen lassen, sondern wünschen, daß es seinen natürlichen Lauf zieht mit Schleifen, Engen und Weiten. Einen Sinn für die Einheit alles Lebendigen werden Sie entwickeln und erkennen, wie abhängig Sie davon sind. Ihre wachsende Rücksicht auf die Erde wird den Mißbrauch von Chemikalien eindämmen, sowohl bei der Vernichtung sogenannten Unkrauts als auch bei der unnatürlichen Steigerung Ihrer Ernten. Sie werden die Kunst erlernen, Mutterboden aufzubauen und die Erde ein bißchen besser zu hinterlassen, als Sie sie angetroffen haben.

Sie werden weise werden, nicht durch Bücherstudium, sondern durch die Fähigkeit, im Buch der Natur zu lesen.[2]

Die Natur kann man umwerben; zwingen kann man sie nicht. So ist es auch mit den Menschen: Auch sie muß man von ihren zerstörerischen Gewohnheiten abwerben, muß ihnen die tiefe Verwandtschaft mit der Erde und allem Lebendigen bewußt machen.[3]

Man hat mich einen *Erdheiler* genannt. Das ist ein stolzer Titel, der einem Menschen Demut eingibt, ein Bewußtsein für all das, was er der Vergangenheit, seinen Freunden und seinen Lehrern schuldet. Viele Einflüsse gestalten und beherrschen seine Entwicklung, nicht alle sind erkannt, nur wenige hoch genug geschätzt. Wie ich dargelegt habe, war die Liebe zu den Bäumen ein Teil meines Lebens von Anfang an. Mein erster Lehrer war mein Vater. Aber vielleicht wurde mein Gefühl für den Wald und sein Leben am stärksten belebt durch meine Freunde im kanadischen Nordwesten, die Cree-Indianer, die sich vom Gut der Wälder nährten, aber die Bäume

2 Land of Tané, S. 140f
3 Land of Tané, S. 139

begriffen, deren Bedrohungen überstanden und sich als Teil von deren Leben fühlten.[4]

Interessant, daß in der Schöpfungsgeschichte der Maori *(der Ureinwohner von Neuseeland)* die Bäume zuerst da sind. Bevor ein Maori einen Baum fällt, fragt er den Geist dieses Baumes um Erlaubnis, und hinterher deckt er den Stumpf mit Blattwerk zu, damit ihm kein Leid geschieht. Kein Wunder, daß unter den Händen solcher Menschen die Urwälder so gut bewahrt blieben.[5]

Als ich sie *(die Kikuyu, einen Volksstamm in Kenia)* kennenlernte, studierte ich ihre Baumkunde und ihr Brauchtum. Bald drang ich in das Geheimnis ihres Lebens, das von der Geburt bis zum Tod dem Dienst an N'gai, dem Vatergott, geweiht ist, ein. Sie lebten in enger Beziehung zur Natur und empfanden wie die Maori ihre Verwandtschaft mit allem Lebendigen.

Wenn sie einen Wald abholzten, um Ackerland zu gewinnen, ließen sie große Bäume stehen, die ihnen heilig waren, Sammelstellen für die Geister der kleineren Bäume, die man hatte fällen müssen, um genügend viel Land für den Pflanzenanbau zu gewinnen.

Für mich war es eine Offenbarung, daß diese sogenannten primitiven Völker ein tiefes Empfinden für die Bäume hatten, die ihnen wie ältere Brüder waren.[6]

Der Eichenkult der Druiden ist jedermann geläufig; ihr altes Wort für »Heiligtum« scheint denselben Ursprung und dieselbe Bedeutung zu haben wie das lateinische »Nemus«, ein Hain oder eine Waldlichtung. Unter den alten Germanen waren heilige Haine weit verbreitet; es gab schwere Strafen für

---

4 Dance of the Trees, S. 50
5 Dance of the Trees, S. 107
6 Land of Tané, S. 86f

die Beschädigung der Rinde eines heranwachsenden Baumes oder für das Fällen schützender Haine.[7]

Die Alten glaubten daran, daß die Erde ein empfindsames Wesen ist und das Betragen der Menschheit spürt. Da wir keinen Beweis für das Gegenteil haben, könnte es durchaus sinnvoll sein, diese Ansicht zu teilen und sich entsprechend zu verhalten.[8]

Das Schicksal eines Menschen oder einer Nation wird immer von dem Grad seines oder ihres Einvernehmens mit den Kräften und Gesetzen der Natur und des Weltalls abhängig sein. Die Fülle des Lebens hängt ab von des Menschen Harmonie mit der Gesamtheit der natürlich-kosmischen Gesetze. Unsere persönliche Entwicklung ist eine Arbeit, die jeder Mensch Tag für Tag verrichten muß. Es ist eine lebenslängliche Arbeit.[9]

Durch die Bäume statten wir uns aus, und wenn wir ihnen dienen, bringen wir unserem Planeten neues Leben.[10]

Wer Bäume pflanzt, erweist seinem Land und seiner Nachbarschaft einen großen Dienst; denn während diese Bäume wachsen, zahlen sie üppige Dividende in Gestalt ausgefällter und bewahrter Feuchtigkeit, veränderten Klimas und geschützten, angereicherten Bodens. Auch die Stadtbewohner haben gut an den Bäumen, die unmittelbar oder mittelbar Wasser, Licht und Wärme erzeugen. Über ihre anmutige Schönheit hinaus segnen sie die Landschaft als liebliche Ensembles.

Die Händlergesinnung, nur ein toter Baum als Nutzholz sei ein guter Baum, herrscht nicht mehr vor. Der Baum hat viel

---

7 Green Glory, S. 103
8 Dance of the Trees, S. 68
9 My Life, My Trees, S. 163
10 Land of Tané, S. 96

mehr als einen Handelswert. Sein Einfluß auf Klima und Wasserversorgung ist zu einem Gegenstand geworden, der sorgfältige Studien und große Beachtung verdient.[11]

Die Forstwissenschaft entstand aus der Erkenntnis eines allgemeinen Bedürfnisses. Sie verkörpert den Geist des Dienstes an der Menschheit, da sie bemüht ist, Mittel dafür zu schaffen, daß eine Lebensnotwendigkeit für immer gesichert ist; außerdem dient sie dem Schönheitsgefühl des Menschen und seinem Erholungsinteresse. Die geistige Seite der menschlichen Natur benötigt die erfrischende Inspiration durch Bäume und Wälder. Wenn ein Volk seine Bäume schützt, werden die Bäume das Volk schützen. Nationen wie Volksstämme können zusammenfinden in dieser großen Bewegung, die gegründet ist auf das Ideal, die Welt dadurch zu verschönern, daß man eine der lieblichsten Schöpfungen Gottes kultiviert: den Baum.[12]

Wie der Mensch von den Bäumen abhängt, so hängen die Bäume vom Menschen ab. Das wird nunmehr verstanden, wie es die Bildung der UNESCO und die Versammlungen für eine Weltwaldwirtschafts-Charta beweisen, die von den Männern der Bäume in den letzten elf Jahren einberufen worden sind. Jetzt ist für uns alle die Zeit gekommen, daß wir unseres Baumerbes bewußt werden. Es muß an andere weitergegeben werden, damit sie sich seiner erfreuen.[13]

Ein neues Menschengeschlecht muß sich erheben, das, von der Liebe zur Erde begeistert, da arbeitet und wieder auffüllt, wo seine Vorfahren gearbeitet und ausgebeutet haben.[14]

---

11 Land of Tané, S. 74
12 Trees in the Environment, S. 3
13 Dance of the Trees, S. 191
14 Green Glory, S. 196

Heute ist es die Pflicht jedes denkenden Wesens, nicht nur in den eigenen Tag zu leben, nicht nur der eigenen Generation zu dienen, sondern ungeborenen Geschlechtern, und zwar dadurch, daß es die grüne Herrlichkeit der Wälder dieser Erde wiederherstellen und erhalten hilft.[15]

Alle Menschen müssen sich die Forderung zu eigen machen, daß die Erde in vernünftigem Umfang von Bäumen bedeckt bleibt, damit Erosion und zu schneller Wasserablauf verhindert werden; andernfalls werden ihre Gesundheit und ihr Wohlbefinden gefährdet sein. Jeder Mann, jede Frau, jedes Kind steht unter dem Zwang, Wasser nicht zu verschwenden und es für natürliche Bedürfnisse nicht gedankenlos zu verbrauchen. Wenn die Menschen mehr über die lebensnotwendige Baumdecke lernen und den wachsenden Wert der Wälder für den Wasserschutz würdigen, dann achten sie darauf, daß die Wälder nicht mißhandelt werden. Waldbrände, größtenteils Ergebnis der Achtlosigkeit und Gedankenlosigkeit, richten nach wie vor große Schäden an. Sie drohen, die Baumdecke zu verkleinern und zu erschöpfen bis hin zu einem Punkt, wo sie ihre Aufgabe nicht mehr richtig erfüllen kann. Durch die Verhinderung von Waldbränden können jedes Jahr riesige Verluste für alle Beteiligten und jeden Teil der Gemeinschaft vermieden werden. In jedem Land sollte es ausreichende Waldschutzgesetze geben; die Regierungen sollten geeignete Wasserschutz- und Kahlschlaggebiete, Öd- und Trockenland für die Wiederaufforstung unter forstwissenschaftlicher Aufsicht aufkaufen. Alle Möglichkeiten sollten ausgeschöpft werden, um zum Bäumepflanzen und zur Schaffung von Wäldern zu ermutigen, so daß ausreichende Baumbedeckung gesichert und der Wasserkreislauf wieder in die Nähe natürlicher Verhältnisse zurückgebracht wird.[16]

---

15 Green Glory, S. 243
16 Green Glory, S. 196

Die eigentliche Weltfrage ist heutzutage nicht, ob dieses oder jenes politische System überlebt. Es geht nicht mehr darum, einen nationalen Status quo aufrechtzuerhalten. Die wahre Herausforderung richtet sich an die Menschheit als Ganzes. Sind wir lebensfähig? Sind wir fähig, auf der Erde zu existieren? Können wir uns vereinen, um uns gegen die Flut der Zerstörung zu stemmen, die wir in unserer Torheit gegen uns selbst ausgelöst haben? Die Antwort auf diese Fragen wird über die Zukunft unserer Gattung, des Menschengeschlechts, entscheiden. Jede der vor uns stehenden Aufgaben ist so groß, daß sie die bedächtige, konzertierte Aktion aller Länder des Erdballs erfordert. Der Erosion muß Einhalt geboten werden, ausgreifende Wüsten müssen zum Stillstand gebracht werden. Die Luft- und Wasserverschmutzung muß beendet werden. Das Land muß wieder fruchtbar gemacht werden mit Hilfe von Bäumen vermischter Arten. Die Erde muß wieder in einen grünen Mantel von Bäumen gekleidet werden. Das Gleichgewicht der Natur muß wiederhergestellt werden. Das Paradies muß wiedergewonnen werden.[17]

Ich male mir die Dorfgemeinden der Zukunft aus, wie sie in Tälern wohnen, die durch Bäume in den Hochlagen geschützt sind. Sie werden Obst und Nüsse auf Streuobstwiesen gewinnen, frei von Krankheiten leben und viel Freizeit genießen, erfüllt von einem Sinn für ihre Einheit mit der Erde und mit allem Lebendigen.[18]

Wenn die Menschen darangehen, die Natur zu erobern, dann haben sie Erfolg; die Wüsten, die sie geschaffen haben, beweisen es. Sie können der Natur auch helfen, wieder ins Gleichgewicht zu kommen. Aber zuerst muß der Entschluß dazu gefaßt sein, dann müssen die nötigen Mittel bereitgestellt werden.[19]

---

17 Trees in the Environment, S. 30
18 My Life, My Trees, S. 167
19 Dance of the Trees, S. 59

Es ist eine Sache, einen jungen Baum zu bewundern, und eine ganz andere, einen großen Wald bewahren zu helfen. In Kenia sprachen viele über ihre Liebe zu Bäumen, aber für den Waldschutz und die Wiederaufforstung wurde wenig getan.[20]

Das eigentliche Problem auf verwüstetem Land ist nicht immer die sofortige Wiederaufforstung, sondern die Humusbildung; denn sie muß dem Wirtschaftswald vorangehen. Der Wiederaufbau des Waldbodens erfordert eine Laubdecke, die porös genug ist, um Regen aufzusaugen.[21]

Wenn wir uns mit der Wiederurbarmachung von Ödland befassen, tun wir gut daran, Landschaftsschutz und Wiederurbarmachung Hand in Hand zu betreiben. Jeder Plan, Wüstengebiete wieder instandzusetzen, sollte von Maßnahmen zur Verhinderung einer Entartung des vorhandenen Pflanzenwuchses begleitet sein.[22]

Es war ein edles Unterfangen des Präsidenten, einen Schutzwall von Millionen Bäumen durch die Mitte der Vereinigten Staaten zu pflanzen, ein Windschutz, der sich tausendsechshundert Kilometer von der kanadischen Grenze bis hinunter zum Pfannenstiel von Texas erstreckt. Der Schutzwall besteht aus einer Reihe von Gürteln, hundertsechzig Kilometer tief, zusammengesetzt aus dürrebeständigen Arten. Dieses Rückgrat von Bäumen soll dem Wind wehren, der seit Jahren den Boden des Farmlands wegträgt; außerdem soll es Feuchtigkeit sammeln. Die angepflanzten Bäume waren für das Klima geeignet; die Sträucher in den äußeren Reihen dienen als Windbrecher. Selbst unter den Fachleuten waren viele, die einen Fehlschlag vorhersagten; aber trotz widriger Bedingungen ist jetzt das ganze Aussehen der Landschaft verändert. Die Schutzgürtel haben die Sandwüste verwandelt und die fla-

20 Dance of the Trees, S. 34
21 Green Glory, S. 153
22 Dance of the Trees, S. 73

che Eintönigkeit der Ebenen aufgelockert. Hilfreiche Vögel kehren zurück; die Farmer können wieder unter dem Schutz der Bäume anbauen.[23]

Wenn die Armeen der Welt, jetzt zweiundzwanzig Millionen Mann stark, an die Front der Wüstenbepflanzung verlegt werden könnten, dann könnte man dort nach acht Jahren hundert Millionen Menschen ansiedeln und mit proteinreicher Nahrung, gezogen auf jungfräulichem Sand, versorgen.

Die Gegenwart ist voll von Möglichkeiten. Nie zuvor in der Geschichte des Planeten hatte die Menschheit solche Vorrechte und Möglichkeiten zu ihrer Verfügung wie heutzutage. Ein großes Licht ist aufgegangen und durchdringt das Dunkel der Welt; aber leider gibt es zu viele Menschen mit staubverklebten Augen, die diese Weltsicht erst noch einfangen müssen. Manche von uns haben es bereits getan. Diese Weltsicht ist unser Vorrecht und unsere Verantwortung.[24]

Unsere Zukunft sind unsere Kinder; die Zukunft der Welt liegt in ihren Händen und in den Händen ihrer Kinder. Laßt uns sie weise erziehen und zusehen, daß das Verständnis und die Hochachtung für Bäume Teil ihres Erbes ist.[25]

Jungen und Mädchen, die dazu erzogen sind, verständnisvoll auf Bäume zu schauen, werden Baumbruderschaften bilden und sich über den Lebenskampf der Bäume informieren. Sie werden lernen, daß Bäume dem Menschen gegenüber ewig auf der Geberseite sind und der Mensch von ihnen abhängig ist, was seine Gesundheit angeht, seine Nahrung, reines Wasser, Ernten, Regen, Flüsse und Bäche, Vögel, Schatten, saubere Luft - kurz, sein Leben und seine Wohlfahrt.[26]

---

23 Green Glory, S. 72f
24 My Life, My Trees, S. 163
25 Dance of the Trees, S. 192
26 Dance of the Trees, S. 192

Die Charta der neuen Erde, verfaßt von St. Barbe für die Menschen für Bäume: Ergeben tragen wir vor, daß wir ohne Fairneß der Erde gegenüber leiblich nicht leben können. Ohne Fairness dem Nachbarn gegenüber können wir gesellschaftlich nicht leben. Ohne Fairness gegen unser besseres Ich können wir persönlich nicht leben.

Wir glauben an die Entwicklung eines besseren Verständnisses für die wahren Beziehungen zwischen allen Lebensformen in dem Bemühen, ein natürliches Gleichgewicht zwischen Mineralien, Pflanzen, Tieren und Menschen aufrechtzuerhalten, wobei der Mensch mit seinem Bedarf an Nahrung und Kleidung in erster Linie vom Pflanzenwuchs der Erde abhängt. Um Nahrung, Kleidung und Unterkunft zu beschaffen und unser leibliches Erdenleben führen zu können, müssen wir mit der Erde sorgsam umgehen. Wir dürfen vor allem nicht leichtfertig in den natürlichen Wasserkreislauf eingreifen, zumal solche Eingriffe auf dem ganzen Erdball schlimme Verluste an Mutterboden verursacht haben. Rechtschaffen müssen wir der Erde den Abfall all dessen zurückgeben, was wir der Erde entnommen haben.

Ergeben tragen wir vor, daß Wasser eine Grundüberlegung in allen unseren nationalen wie weltweiten Forstprogrammen sein muß. Bäche und Flüsse müssen ihrem natürlichen Lauf wieder überlassen werden; Überschwemmungen und Dürren müssen ausgeschlossen werden. Wälder und Auen sind eng verflochten mit der biologischen, gesellschaftlichen und geistigen Wohlfahrt. Das Mindestmaß an Baumbedeckung für die Sicherheit des Planeten ist ein Drittel der gesamten Landfläche. Jedes Wasser-Auffanggebiet sollte zumindest diesen Anteil an Baumbeständen verschiedener Arten, darunter Laubbäume, aufweisen; Monokulturen jedweder Art schaden der Landschaft.

Wir glauben an das überlieferte Ideal, daß unsere Äcker *Felder im Wald* sein sollten. Das bedeutet Landschaftsbauerntum in jedem Tal und auf jeder Ebene mit Wäldern auf den

Hochflächen, Schutzgürteln, Streuobstwiesen verschiedenster Baumarten und Baumhecken allüberall.[27]

In diesem Buch *(My Life, My Trees)* habe ich versucht, einige der vielen Experimente meines Lebens festzuhalten. In der Tat bin ich mir lebhaft bewußt, daß das Leben ein fortgesetztes Experiment ist. Gern gebe ich mich dem Empfinden hin, daß das, was mir beim Landschaftsschutz und als ein »Erdheiler« durch lebenslängliches Bäumepflanzen zu erreichen gestattet worden ist, viele andere ermutigen mag, ihr eigenes Leben dem Dienst an der Erde zu weihen.[28]

---

27 The New Earth Charter of Men of the Trees
28 My Life, My Trees, S. XV (Vorwort)

RED BARREL
LONDON
SAHARA
KENYA

HOWARD COSTER

Bildlegenden

Seite 19: Porträtzeichnung von Richard St. Barbe Baker

Seite 119: Richard St. Barbe Baker in nordamerikanischem Urwald

Seite 120 oben: Auf dem Londoner Trafalgar-Platz am Vorabend der Abreise zu einer Sahara-Expedition überbringen die Menschen Pfirsichsteine, die entlang der Expeditionsstrecke gepflanzt werden sollen

Seite 120 unten: Die Expedition beobachtet, wie und mit welcher Geschwindigkeit die Wüste auf fruchtbares Land übergreift

Seite 121: Aufforstung in einem abgebrannten Wald

Seite 122 oben: Ein Versuch mit Bäumen zur Dünenstabilisierung in Nordafrika 1961

Seite 122 unten: Baum-Tanz der Kikuyu in Kenia mit anschließender Gründung der »Männer der Bäume«

Seite 123 oben: Aufnahme während einer Vortragsreise 1929 durch die Vereinigten Staaten

Seite 123 unten: St. Barbe Baker mit einer Baumpflanzgruppe aus Schulkindern in Peking vor dem Gebäude der chinesischen Forstakademie 1981

Eine neue Erde

Zukunftweisende Bücher aus dem Horizonte Verlag

Eine Welt für alle

Visionen von globalem Bewußtsein. Hrsg. v. Andreas Giger.
2. Auflage. 1990. 206 Seiten. Geb. ISBN 3-926116-20-X

Die großen Akteure der Gegenwart beschreiben erstmals in einem gemeinsamen Buch ihre Weltbilder und politischen Entwürfe für "eine Welt für alle": von Gorbatschow bis Brandt und Perez de Cuellar, von Capra bis Russell.

William Nicholson
Der Marsch

Aufbruch der Massen nach Europa. Das Drama des Nord-Süd-Konflikts. Mit einem Essay von Hans Arnold.
1990. 141 Seiten. Broschur. ISBN 3-926116-26-9

Der Film "Der Marsch" führte uns vielleicht noch rechtzeitig die Explosionsgefahr des Problemgemischs aus Hunger und Verzweiflung im Süden und Ignoranz im Norden vor Augen. Inhalt dieses Buches: Der Filmtext, Diskussionsbeiträge von Vaclav Havel, Richard von Weizsäcker, Robert Mugabe u.a. sowie ein brillantes Essay zum Thema von Hans Arnold.

André Brugiroux
Wir Weltbürger

Die Menschheit unterwegs zur Einheit. 1990. 172 Seiten. Broschur.
ISBN 3-926116-21-8

Achtzehn Jahre lang bereiste er mit einem Dollar pro Tag die Welt. Aus dem Globetrotter wurde ein Weltbürger, der gerade angesichts der schreienden Ungerechtigkeiten die Einsicht der Einheit der Menschheit einfordert.

HORIZONTE

Neue Politik

Zukunftweisende Bücher aus dem Horizonte Verlag

Michail Gorbatschow
Meine Vision

Die Perestroika in den neunziger Jahren. Hrsg. v. Hartmut Nowotny. 2. Auflage. 1990. 140 Seiten. Broschur. ISBN 3-926116-15-3

Auf aktuellstem Stand bietet dieses Buch die aktuellen Aussagen Gorbatschows zu den brennendsten Fragen der neunziger Jahre in seinem Land und weltweit.

Boris Jelzin
Die Alternative

Der schnelle Weg zu Demokratie und sozialer Marktwirtschaft. 1990. Ca. 200 Seiten. Broschur. ISBN 3-926116-30-7

Erstmals wird hier das konkrete politische Programm des Radikalreformers Boris Jelzin veröffentlicht, das er in Zusemmenarbeit mit den progressivsten Kräften seines Landes seit seiner Wahl zum Präsidenten der Russischen Republik entwickelt hat.

Vitaly Shurkin
Großbaustelle Europa

Mit Riesenschritten ins gesamteuropäische Haus. Vorwort von Christoph Bertram. 1990. 125 Seiten. Brosch. ISBN 3-926116-18-8

In diesem Buch zeigt der Architekt der Idee des "gesamteuropäischen Hauses", wie sich die weitere Entwicklung nach den Ereignissen der Jahre 1989/90 gestalten kann.

Vadim Sagladin
Und jetzt Weltinnenpolitik

Die Außenpolitik der Perestroika. Vorwort von Theo Sommer. 1990. 180 Seiten. Gebunden. ISBN 3-926116-18-8

Gorbatschow-Berater Sagladin führt in die neue Außenpolitik der Perestroika ein und ihre Konsequenzen für die Weltpolitik.

Neues Denken

Zukunftweisende Bücher aus dem Horizonte Verlag

Ervin Laszlo
Global denken

Die Neu-Gestaltung der vernetzten Welt. Vorwort von Ilya Prigogine. 1989. 190 Seiten. Geb. ISBN 3-926116-11-0

"... eröffnet sich hier die Möglichkeit zu sinnvollem, vielleicht rettenden Einfluß auf unsere Geschicke." **Robert Jungk** "Laszlo versteht es, dem momentanen Umbruch auf allen Gebieten einen Sinn zu geben." **Ökologie**

Sigrid Hunke
Vom Untergang des Abendlandes zum Aufgang Europas

Bewußtseinswandel und Zukunftsperspektiven. 1989.

335 Seiten. Gebunden. ISBN 3-926116-116-1

Ein positiver "Spengler": die Vision eines zu seinem ursprünglichen Denken wiederfindenden Europa - die Wiederentdeckung des ganzheitlichen Denkens von Meister Eckhart bis Teilhard de Chardin.

Peter Mühlschlegel
Der Weltzentralbank-Präsident

Versuche zur Erweiterung unseres ökonomischen Bewußtseins. 1989. 191 Seiten. Gebunden. ISBN 3-926116-12-9

Ervin Laszlo
Die inneren Grenzen der Menschheit

2. Auflage. 1988. 125 Seiten. Broschur. ISBN 3-926116-08-0

Weltfriede ist nicht nur möglich, sondern unausweichlich

Eine Botschaft an die Völker der Welt. Vorwort von Ervin Laszlo. 5. Auflage. 1990. Broschur. ISBN 3-926116-02-1

Neue Psychologie

Zukunftweisende Bücher aus dem Horizonte Verlag

Rudolf Dreikurs
Selbstbewußt

Die Psychologie eines Lebensgefühls. 3. Auflage. 1990.
253 Seiten. Broschur. ISBN 3-926116-51-X

Das Meisterstück eines der meistgelesenen psychologischen Autoren: mit ebenso witziger wie wohltuender Verve zeigt Dreikurs die ungeheuren Gestaltungsmöglichkeiten jedes Menschen für sein Leben.

Antonia und Theo Schoenaker
Die neue Partnerschaft

Austausch in der Nähe. 3. Auflage. 1989. 192 Seiten. Broschur.
ISBN 3-926116-53-6

Engagiert und praxisorientiert weist dieses Buch den Weg zu einer neuen, einer wirklich gleichwertigen Kommunikation in der engsten menschlichen Beziehung, der Ehe oder Partnerschaft.

Alexander Müller und Erik Blumenthal
Sinnergie: Die Seele lebt vom Sinn

1990. 126 Seiten. Broschur. ISBN 3-926116-56-0

Anlage und Umwelt liefern den "Rohstoff" des Lebens - aber was bestimmt die Lebens-"Qualität": der Sinn, den man vom Kosmos bis zum eigenen Innenleben allen Dingen zuweist.

Albrecht Schottky und Theo Schoenaker
Was bestimmt mein Leben?

Wie man die Grundrichtung des eigenen Ich erkennt. 3.. aktual.
Aufl. 1988. 126 S. Broschur. ISBN 3-926116-54-4

Marianne und Erik Blumenthal
Trendwende Ermutigung

Sich selbst und andere positiver erkennen. 1988. 128 Seiten.
Broschur. ISBN 3-926116-55-2